新 New 和《わ》菓《が》子《し》噺《ばなし》

WAGASHIBANASHI

全国和菓子協会 専務理事 藪 光生 Yabu Mitsuo

はじめに

最近、よく言われる「食文化」という言葉を耳にすると、私は日本という国の持つ国柄ということと共に、日本の持つ言葉ということに思いが及びます。

日本という国は、四方が海に囲まれ美しい風土と四季を持っているわけですが、そこには日本人だけが持つ素晴らしい感性に育まれた言葉があります。

俳句では、春の山を表す言葉として「山笑う」という季語があります。

春になって木々が褐色の産毛に覆われたようにうるみを帯びて春の陽に照らされている山が、笑みを浮かべているように感じられることからいわれる言葉です。

夏には山の岩壁や苔などから滴りおちる水滴の生みだす清冽な涼味を表して「山滴《したた》る」といいます。

秋には錦の織物のように紅や黄に色づいた木々に彩られる山を称して「山粧う」

「山彩る」といいます。

そして冬になると「山眠る」というのです。紅葉した木々が葉を落として山々が色を失い、冬の陽の中で静かに眠っているかの様に感じられることからいう言葉です。

美しい四季の山を「山笑う」「山滴る」「山粧う」「山眠る」と表現する繊細な感覚。その素晴らしい言語表現を持つ日本人であるからこそ、独特の「食文化」を育んできたのだと感じているからです。

和菓子は、その日本人の生活文化の中で育まれてきました。

和菓子には語るべき歴史もあり、外国との交流がもたらした融和もあり、植物性の原材料がもたらす健康性もあり、郷土との結びつきやあの小さな形の中に季節を映しとる技もありますが、何よりも日本人の日々の営みというか、生活の中に存在している文化こそが今日の和菓子を生みだしたと思うのです。

その和菓子の魅力を少しでも多くの人に知ってもらいたいとの想いが昂じて二〇〇六年に「和菓子噺」を書きおろしましたが、内容的にもさらに充実を図りたいという考えから、内容に手を加えて本書を発刊することになりました。

もとより、この本は学術書でもなければ専門書でもありません。

また、和菓子グルメの紹介本でもありません。どなたが読んでも和菓子のことがわかりやすいように、話し言葉でまとめた和菓子の本です。

和菓子の数多い商品特性や魅力、その背景などを知ることにより、和菓子を味わう愉しみを深めて頂ければ望外の幸せです。

目次

第三章
季節を映しとる手づくりの技

第四章
和菓子の種類と材料

第五章
和菓子の由来

第六章
健康的な和菓子

第七章
知って得する和菓子のいろいろ

第一章

和菓子とは

和菓子を知るということ

さて、具体的に和菓子の話を進める前に、そもそも和菓子とはどのようなものなのかを考えてみましょう。

和菓子を題材にした本が数多く出版されており、その中では実に多様な切り口で和菓子の定義が語られています。農産物の加工品だ、いや、日本の食文化を代表するものだ、和の材料を使っている菓子であるなど様々ですが、そのひとつひとつは正しくても、どれもが和菓子をぴたっと言い当てているようには思えません。なかには餡を使った菓子だというものもありますが、餡が使われるようになったのはたかだかこの四〇〇〜五〇〇年のことですし、餡を用いない和菓子もたくさんありますから、ごく一部の特徴しかとらえていないと言えます。

なぜ、和菓子をひとことで表すことが難しいのか。その理由は、日本人の生活文化と共に歩んできた長い歴史にあるように思います。

和菓子は穀物を栽培することができるようになった頃、いわば上古の時代の日本に生まれ、その後、長い歴史の中を日本人の生活そのものと深く結びついて今日まで受け継がれてきました。日本特有の美しい四季や国土、農業、文化など、日本人を取り巻くあらゆる環境と密接に関わって発展してきたのです。その意味では和菓子を単なる嗜好品と言うのはあたらないかもしれません。和菓子を知るということは、日本人の気質や生き方を知るということにまで広がってくるように思います。

和菓子が育まれた歴史の長さから考えてみると、「和菓子」という言葉が使われ始めたのがごく最近であることに気づきます。

江戸時代が終わって、明治時代になると外国の文化が急激に日本に入って来るようになりましたが、洋菓子もそのひとつです。「洋菓子」という言葉がはじめて活字となって文章に使われたのは明治十一～十二年頃のことと聞いていますが、この洋菓子と対極にあるものとして、「和菓子」という言葉が使われるようになったわけで、それまでは和菓子ではなく単に菓子と呼ばれていました。和菓子という言葉は千年を超える歴史の中で、わずか百年ちょっとしか使われていない、新しい言葉だとも言えます。

ここで洋菓子についてひとことふれておきますと「日本の洋菓子はどうやら和菓子

らしい」というのが私の考えです。

外国旅行をされた人は知っていると思いますが、欧米で菓子を食べると、日本で食べる洋菓子とはちょっと違うように感じます。日本でつくられるものより甘さが強く、それぞれにその国独特の文化を表していることに気づきます。

外国に技術を学び、それまで日本では使われなかったバターやクリームを用いた菓子という意味ではあくまでも和菓子と一線を画して当然ですが、日本の洋菓子は、日本の中で育てられて日本人の好みに合うように微妙な変化が加えられています。実際、外国の人から見ると、それはジャパニーズスイーツであって、自国の菓子とは違うものであるという受け止め方をしているようです。

「洋菓子は和菓子だ」などと言うと、突飛な発想だ、洋菓子は洋菓子ではないか、と感じる人もいるかもしれませんが、これについては、おいおい話を進めていく中で、「なるほど、一理ある」と思ってもらえることと思います。

和菓子をひとことで表現することが難しいのは、つくり手の自由な発想から生まれる菓子であることも関係しています。和菓子は規格品ではありませんから、形や大きさも様々ですし、どんな材料でも自由に使って配合することができます。

例えば羊羹は、寒天や小麦粉、葛などを使わなければあのようには固まらないものの、それ以外の材料はつくる職人が自由に考えることができます。餡に柿を加えれば柿羊羹、昆布を加えれば昆布羊羹、塩を加えれば塩羊羹ができ上がります。小さな風船のような形状のまりも羊羹や、ぶどう羊羹などもあります。

自由な発想からつくられるということは、つくり手の考えや、菓子にかける想いが反映されるということです。すると、自ずと地域性や時代背景、季節感、文化などが和菓子に深く関わってくることになるわけであり、考えれば考えるほど、和菓子はとてもひとことでは表現できないものであると感じさせられます。しかしこれは言いかえれば、和菓子を愉しむ要素が限りなくあるということでもあります。

和菓子の持つ多くの個性とその背景にひそむ魅力の数々。そのひとつひとつについて、順を追って話を進めたいと思います。

五感の芸術といわれる所以

「和菓子は五感の芸術である」という言葉を聞いたことはありませんか。これは、全国和菓子協会第二代会長の故黒川光朝氏が提唱した言葉です。

食べ物を芸術だと言い切るのはいささかおこがましいとも言えますが、和菓子というものの持つ創造性や個性をひとことで表現しているという点では、和菓子の世界をよく言い表している言葉であると思います。

五感とは視覚、触覚、味覚、臭覚、聴覚をいいます。

視覚で感じることとは、全ての食べ物に共通することですが、和菓子を前にしたとき、一番最初に飛び込んで来るのが目で見た形です。形や色、どのような素材でできて上がっているかによって、「美味しそう」「桜の時期だ」「涼しげだ」など、視覚から受ける印象は変わります。美味しそうだ、食べてみたいという気持ちになる第一歩を視覚で感じとるわけですね。

これはきれいに形どった和菓子だけを言うのではありません。なんの変哲もないような団子や大福でも、それが好きな人にとっては、その形を見るだけでなんとも美味しそうで嬉しくてたまらなくなるものです。そうした感情を視覚によって得るわけです。

触覚は、例えば生菓子を食べるときにすっと楊枝が通る感触、あるいは大福を食べようと持ち上げたときの柔らかさなど、美味しさを助長する役目を果たす手の感覚です。
そして、口に含んだときの噛み心地や舌触りなども触覚です。和菓子の業界では、「口溶け」と言う、口の中でさらっと溶けてしまうような感覚も非常に大切にしています。餡は、見た目には粘り気があるようですが、口の中に入れるとさらっとしてすっと消えてなくなる、独特の口溶けを持っています。

味覚は食べ物の最も重要な要素ですから、あらためて言うまでもありません。美味しいと感じてもらえなくては、その食べ物自体が成り立ちません。和菓子は本来、農産物や果物など自然の恵みの加工品ですから、その素材を生かした味を持っています。言いかえれば素材の味をどこまで引き出しているかで和菓子の善し悪しが問われると言ってもよいでしょう。

臭覚といえば、むしろ和菓子はあまり特徴がないということになるのかもしれません。和菓子に使う材料は、米や小豆など香りの少ない農産物がほとんどです。香りの強いものといえば柚子やニッキ、山椒ぐらいでしょうか。

実は、この「ほのかな香り」というのが、和菓子が日本人に好まれる理由のひとつなのです。日本人ならではの香りへの感性があるからこそ、ほのかな香りの和菓子を愉しめるのではないでしょうか。

よく知られているように、日本人は匂いというものにとても敏感です。平安時代には、衣装に焚き込めた「香」によって、闇夜でもそれが誰であるかを知ったといいます。香道という文化が育ったのも、匂いについての繊細な感性を教養のひとつとして尊重してきたからでしょう。

身近なことでいえば、入浴の習慣もそのひとつかもしれません。浴槽につかって毎日のように風呂に入るのは、世界中で日本人だけのようです。海外にも温泉はありますが、水着で入るプールの延長のような感覚ですし、入浴もシャワーで済ますことが多いようです。いつも身ぎれいにしておきたいという日本人の風呂好きは、清潔好きと匂いに対する潔癖性から生じた習慣なのかと思われます。

この香りに対する日本人の特別な感性は、和菓子にとって大きな意味を持っています。

移り香を愉しむ桜餅

「桜餅」は、皆さんも良く知っている春の和菓子です。時々話題になるのが、桜の葉は食べるのか食べないのかという論争です。以前、テレビの番組で、「食べるのが通だ」と紹介していました。しかし、これは正しいこととはいえません。桜餅の桜の葉は、塩漬けにした独特の風味を持つものです。桜の葉は生のままでは、あの独得の香りはありませんが、塩漬けにすることによりクマリンという芳香成分が生まれます。この香りがなければ桜餅の魅力は半減してしまうでしょう。勿論、桜の葉は食べても差し支えはありませんし、細かく刻んで和菓子に利用することもあります。

しかし、桜の葉と一緒に桜餅を食べたなら、それは強い風味を持つ桜の塩漬けの味ばかりが強調されて本来の餅や餡の繊細な味わいを感じることはできません。それでは桜餅を愉しんでいることにはならないのです。

桜の葉をむくと、餅に桜の葉の独特の香りが移っていることがわかります。餅や餡の風味と桜葉のほのかな移り香が絶妙の調和を生み出しているのです。勿論、餅を食べる合間に塩漬けの葉を少々かじってみるのも味の変化という意味では一興です。しかし桜餅はやはり桜葉の香りが移った餅と餡の調和を味わうのが本来の食べ方と言えます。

「移り香を愉しむ」、なんと風情のある感覚でしょう。和菓子における臭覚とは、この、ほのかで繊細な感覚のことをいいます。

和菓子は茶の湯の世界とも深くつながって、その香りは意匠や味と並んで大切な要素となっています。

茶席で客をもてなす亭主は、その心を和菓子にも託します。四季を彩り、繊細な美しさを表現した和菓子で歓待の気持ちを伝え、充足したひとときを過ごしていただこうと努めます。茶道においては、主役はあくまでもお茶ですから、和菓子は従としての役割を果たすことが大切です。であればこそ、和菓子そのものも生きてくるのです。その点、和菓子のほのかな香りは、お茶の魅力を引き立てることはあっても、決してお茶の香りをさまたげることなく調和します。

例えば、部屋の中に菓子器に盛った羊羹や最中が置いてあったときに、部屋のドアをあけたとたんに部屋中に香りが満ちていて和菓子があることにすぐに気づく、というようなことはありません。これがショートケーキだったらどうでしょう。きっと部屋中がショートケーキの香りになっていることでしょう。

手にとって、口元に運んだときにはじめて、ふっと米の香りや餡のほのかな香りが感じられる。亭主の心や趣向を示すという大きな役割を果たしながらも、控えめでつつましい。この和菓子の香りが、茶の湯の世界で大切にされてきた理由のひとつだと思います。

和菓子にとって聴覚で感じるとはどんなことでしょう。食べ物でいう聴覚とは、たくあんを噛んだときの「ポリッ」という音などが思い浮かびます。確かにたくあんは、あの音があるからいっそう美味しく感じられるとも言えます。

煎餅などは別にして、ほとんどの和菓子は、そのような威勢のいい音を伴いません。和菓子の聴覚というのは、食べるときに出る音ではなく、ひとつひとつの菓子に付けられた「菓銘」がもたらす心への響きをさしています。

和菓子には羊羹や最中といった種類の名前以外に、その種類を示すこととは違う固有の菓銘を持っています。

その菓銘は多くの場合、短歌や俳句、花鳥風月や地域の名所、歴史などに由来して付けられます。例えば、秋につくられる柿の形をした煉り切りという種類の生菓子に、「初ちぎり」という菓銘が付けられることがあります。これは江戸中期の俳人である

加賀の千代女が詠んだ

渋かろか　知らねど柿の　初ちぎり

という、俳句からつけられた菓銘です。結婚生活が幸せであるかどうかは結婚してみないとわからないという結婚前夜の不安な気持ちを、柿が渋いか甘いか食べてみなければわからないということになぞらえて詠まれたものです。菓銘の由来を知ることで、加賀の千代女が句を詠んだときの心境や俳句の示す季節などについて考えたり、当時の結婚とはどういうものだったのか想像してみたり、「昔もマリッジブルーがあったのか」などと、考える楽しみが広がります。

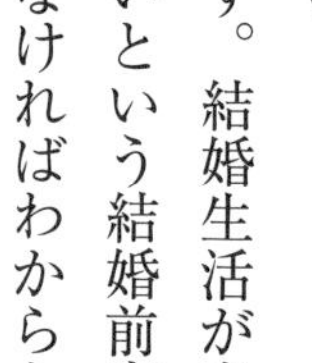

　毎年一月から二月にかけて和菓子屋の店頭には「梅」をかたどった和菓子が並びます。菓銘には「梅」「白梅」「紅梅」など誰にでもわかるものから「此の花」（俳句の季語で梅のこと）「未開紅」（まだ蕾の状態の紅梅）「咲き分け」（紅白に咲き分ける梅のこと）など様々です。そうした菓銘の中に「東風《コチ》」「菅公梅」「飛び梅」などの銘を持つものもあります。「東風」とは春になって気圧配置が緩んで、柔らかく弱い風が東や北東から吹くことを表します。

菅原道真公が詠んだ「**東風吹かば匂いおこせよ梅の花主なしとて春な忘れそ**」という歌から東風が菓銘となったのです。

菅原道真公は梅の花が好きだったことで知られていますが、おとしいれられて福岡県太宰府に流されます。供は門下生一人と幼児が二人の寂しい旅立ちであったといいます。その時に詠んだ歌です。

その菅原道真公の旅立ちを悲しんで屋敷内にあった梅が一夜のうちに太宰府に飛んで花を咲かせたという話が伝わっています。それが「飛び梅」で、「菅公梅」とは、菅原道真公の梅という意味です。

又、秋には、紅葉を表現した「竜田」という菓銘の生菓子があります。これは昔から紅葉の名所として知られる、奈良県の北西部を流れる竜田川にちなんだものです。

在原業平の詠んだ「**ちはやぶる神代もきかず竜田川からくれなゐに水くくるとは**」や高畠式部の詠んだ、「**竜田姫　雨にかよひて秋ごとに　染めわたしけん　橋のもみじ葉**」など、竜田の紅葉を詠んだ和歌や句は大へん多く、どれほど見事な紅葉か想像してみるだけでも愉しいものです。店頭で竜田という菓銘

を聞いて、「奈良はもうどれくらい紅葉が進んでいるのだろう」などと、想いをめぐらせることもできます。ちなみに竜田、立田のどちらの表記も使われ、「竜田揚げ」という料理は、醤油ダレに付けた肉などに、片栗粉を付けて揚げると、ところどころに焦げた色が付いて紅葉の風景に似ていることから名付けられたものです。

その地方ならではの菓銘も面白いものです。先日、富山を訪れたときには「針歳暮」という餅を見かけました。どうやら針供養が由来のようで嫁に行った先に差し上げる餅と聞きましたが、富山ならではの特別な風習なのかと調べてみたくなります。

菓銘の由来については第五章で詳しく話したいと思いますが、菓銘から文化や歴史、その菓子の生まれた郷土にふれることができることも格別な愉しみといえるでしょう。

「花より団子」の本当の意味

では、和菓子はどのように食べられてきたのでしょうか。「おやつ」という言葉の語源に、その歴史の一端を垣間見ることができます。

江戸時代、時間を表す言葉には二つの言い方がありました。時間は一日を十二に区切った二時間おきのものでしたが、それぞれの時刻の呼び方に十二支をあてはめて、「子の刻（午前〇時）」、「丑の刻（午前二時）」などと呼ぶ言い方と、午前〇時には九ツ、午前二時には八ツと、数を当てる言い方がありました。午前四時は「七ツ」、午前六時は「六ツ」と数を順に減らし、午前十時は「四ツ」、午前十一時は「四ツ半」となり、昼の十二時には再び「九ツ」と呼びました。

歌の文句に「お江戸日本橋七ツ立ち～」というものがありますが、朝の七ツ（午前四時）に旅立つということですね。午前、午後の六時はいずれも六ツどきですが、午前は「明け六ツ」午後は「暮れ六ツ」などと呼びました。

そして、午後二時の「八ツ」どきに食べた間食が、いつしか「おやつ」と呼ばれるようになったのです。

当時は今のように一日三食ではなく、朝晩の二食しか食べないのが当たり前でした。勿論、昔は電気もない時代ですから、日が暮れたら働けません。一日の活動時間は今よりずっと短く、普通の人は一日二食で間に合っていたのです。しかし、田植えの時期や、旅に出たり体をたくさん動かしたり激しい労働をする人は、間食を食べてエネルギーを補給する必要がありました。

「間水（けんずい）」や「昼間（ひるま）」、「昼餉（ひるげ）」、「午餉（ごしょう）」など、間食の呼び方は地域によって様々で、中には、今でもこの言葉を使っているところがあるようです。間食を食べる習慣が全国の様々な地域にあったことがうかがえます。三食を食べるようになった時期がいつ頃なのか詳しく検証したことはありませんが、せいぜい三百年くらい前からのことでしょう。

徳川家康が江戸に国替えされた頃は、ほとんど何もない土地に江戸城を築き直し、新たな街づくりをしたのですから、人々はありとあらゆる仕事に精を出して、過重な労働に従事しました。そのため、誰もがおやつを必要としていたのです。逆にお腹一杯になっては集中力が鈍りますから、腹八分目になるような少量のものが好まれました。

そんな江戸のおやつに和菓子はぴったりでした。団子や餅などは米からつくられており、いわば炭水化物のかたまりですから何よりのエネルギー源です。引き売りや振り売りといわれる人々が、団子などの和菓子を売り歩く姿がありました。面白いことに、いなりずしもおやつとして売られていました。ちょっとお腹にたまる「おやつ」として、二～三個くらいつまむとちょうどよかったのでしょう。

このように、江戸時代の初期から中期にかけてのおやつは、嗜好品というよりもエネルギー源として食べられる傾向がありました。「花より団子」という言葉の語源は、江戸時代のおやつの習慣にあるとも言えます。エネルギー源としての団子をおやつに食べなければ働けない、それだけ役に立っていたからこそ、実利を重んじる例えに団子が使われたのではないでしょうか。

やがて、江戸の街が完成し、人々の労働量が減ると、おやつの種類や果たす役割も徐々に変わっていきました。

時代を「生きて」受け継がれる

江戸の街で団子が食べられたと話しましたが、団子は江戸だけではなく、日本のいたる所で自然発生的につくられ食べられていました。和菓子が日本を代表する食文化と言われるのは、この地理的な広がりにも理由があるようです。では、和菓子はどのように今に伝えられてきたのでしょうか。

一般的に、食文化とは食習慣を含む食全般のことです。文化を代表する建造物や書、絵画、陶器などは、全て形があるものです。そのため、世に送り出されて間のない作者の存命中は評価が低くても、後世において高く評価されるなどということもあります。反対に、時の経過とともに評価が低くなったり消えてしまう場合もあります。作品そのものの形が残っているからこそ、時の流れの中で様々な評価を受けることができるのです。

「食」がこれらの文化と少々異なるのは、「食べたときに形を失ってしまう」、ということです。口に運んで「美味しい！」と評価してもらったと同時に形をなくしてしまいます。全く同じものを同じ状態であとの時代に残すことはできません。

それでもなお、食文化として受け継がれているのは、食べ物がそれぞれの時代において「生きて」受け継がれているからです。

例えば、草餅はよもぎの香りが豊かで、春の訪れを告げる和菓子ですが、その原点は今の姿とはだいぶ異なっていたようです。食の材料や量が不充分だった昔、餅に草を混ぜ込んで量を増やし少しでも満腹感が得られるように工夫をしたのが始まりです。いわば、よもぎは増量材でした。きっと昔の人は、ぼそぼそするくらい草のたくさん入った草餅を食べていたことでしょう。それが、時代が移り世の中が豊かになるにつれて、よもぎをたくさん入れる必要はなくなりました。そしていつしか、季節を愉しむ風情のある嗜好品へと姿を変えたのです。

羊羹にしても、始まりは、蒸し羊羹だったものが、江戸時代になって寒天を加えることによって、煉り羊羹へと変わりました。和菓子を取り巻く環境は時代とともにどんどん変わります。砂糖や小麦粉の精製度も上がりましたし、それに応じて味覚や水分量も変化します。現在食べられている和菓子の全てが、それらの変化に対応しながら、時代のニーズに応えてその時代その時代を生きて受け継がれ発展してきたのです。

反対に育ちにくい食文化というものもあります。世界中に豆料理をたくさん食べる習慣がありますが、日本では豆そのものを調理して食べる習慣はあまりなく、ほとんどが煮豆や和菓子などの加工品として食べられています。これは、欧米が狩猟民族でたんぱく質の摂取量が多く、炭水化物を食事で補う必要が

あったのに対し、日本人は炭水化物の米や穀物が主食だったため、あえて豆そのものを調理して食事として食べる必要性が少なかったからです。

「伝統は改革の連続の中から生まれる」という言葉がありますが、常に改革しているからこそ、その時代を生き続けてきたのだと言えます。

和菓子が生きて受け継がれている理由のひとつとして、年中行事や人生儀礼との深い結びつきもあげられます。どれだけ時代が移り変わっても、健康や幸せを願う人々の心は変わりません。そして、ハレの日の祝いの席には、必ずと言って良いほど和菓子が用意されました。いわば、和菓子は人々の人生の営みと共に歴史の中で生き続けてきたと言って良いでしょう。

お正月、鏡割り、成人式、節分、ひな祭り、入学・卒業、端午の節句・・・といった年中行事を思い出していただくと、ひな祭りの菱餅や端午の節句のちまき、柏餅のように、その日にまつわる和菓子も思い浮かぶはずです。

お誕生やお七夜に始まって、初節句、成人、結婚、出産、葬式や法要、先祖の供養といった、人生の節目の日にも和菓子は欠かせません。

例えば子供の一歳の誕生日に、誕生餅や一升餅といって、大きな餅を風呂敷で包んで背負わせるという風習があります。昔は餅を神から授かった神聖な食べ物と考えていましたから、これを子供に背負わせてその子が生涯食べ物に不自由せず丈夫に育ってほしい、という願いを込めたのです。

　昔は生まれてからすぐに亡くなってしまう子供もたくさんいたので、子供たちが無事に育ってほしいと願う気持ちがことのほか強かったのでしょう。誕生して七日目には「お七夜」を祝い、この日まで元気で生きてくれたことを喜び、縁ある人たちに餅や赤飯、和菓子を配るなどしていました。

　年中行事や人生儀礼に和菓子が深く関わった背景には、日本人の共食信仰というものもあります。古くから集落で暮らしていた日本人は、その集落で皆が同じものを食べました。そして神様にもその同じものを捧げました。皆で共に生きているということの大切さを何よりも大事にしていたのです。

　神様に捧げた供物を神事のあとに神前からさげて「直会（なおらい）」として食べるのも神様と同じ物を食べるという共食信仰のもたらしたものですし、家で搗（つ）いた餅や、お彼岸に作った「おはぎ」などを、おすそ分けとしてご近所に差し上げるのも、この共食信仰の名残りです。

こうしたことを考えてみると、日本人には常に神を身近に感じ、神と共に在るという意識が強く存在していたように思えます。

そう言えば、八百万の神という言葉があります。それは、我々の身近な山にも川にも木々や栽培される穀物など万物に神が宿っているという考え方であり、全てのものが神の恵みにもたらされているという、自然に対する強い畏敬の念がこめられているように思われます。そうした考え方が日本人の生活文化を形成する上で大きな影響をもたらし、その心の中で和菓子が育まれてきたのではないかと感じられます。

第二章

和菓子のルーツ

餅は最古の加工食品

皆さんが食べている和菓子は、今の時代ならではのものです。では、どのような変遷を経て今にいたっているのでしょうか。その歴史をひもとくことによって、いっそう鮮明に現在の和菓子の姿が浮かび上がってきます。この章では和菓子の歴史の節目となる出来事や時代背景に焦点をあてて、その大きな流れを紹介することにします。日本で食べられていた最も古い菓子は何かというと、木の実や果物ということになります。

古代の人々は農耕の民で糯米《もち》、粳米《うるち》、粟、麦などを栽培して食す一方で、山野で鳥や獣を捕らえ、海や川で魚介を獲って食べていました。もちろん野生している木の実や果物も採って食べました。

その木の実や果物は、古代の人々にとっては食糧として大切なもので、初めは自生しているものを生で食べることから始まり、やがて天日で乾燥させて保存することも行うようになるのですが、それ等は「果子」と表記されていましたし、「くだもの」

とも読まれていました。

そういえば、現在でも果物のことを「水菓子」と呼んでいますね。

最近、テレビ番組のレポーターや雑誌の記事で「水羊かん」や「ゼリー」の様に水分の多い菓子のことを水菓子などと言っているのを耳にしますが、それは間違っています。「水菓子」とは果物のことなのです。


食品の加工技術などは、さほどなかった時代ですから、食べ物といえば自然の恵みそのものです。その中で生命を維持するための主食とはちょっと違う、嗜好性のある食べ物を区別して呼んだのが菓子の始まりだったと考えられます。生きるためにというよりも、甘味があって心がほっとなごむ、そんな木の実や果物を、古代の人々は特別な食べ物として大切にし、愉しみにしていたに違いありません。

古くは西暦九〇年頃、垂仁（すいにん）天皇の命により、田道間守（たじまのもり）が今のインドにあたる常世の国まで出かけ、菓子（柑橘類）を持ち帰ったという記録があります。菓子のために命がけでわざわざ遠い異国へ旅するなど、今では考えられないばかげた話に思えますが、当時はそうまでしても手に入れたい食べ物が菓子だったのです。偉業を成し遂げた田道間守は、菓子の神様である菓祖神として、兵庫県や和歌山県の神社に祀られています。

木の実や果物から始まった菓子は、やがて人の手を加えた菓子へと大きく変化することになります。そのきっかけとなったのは、「粉食」という新しい食文化の始まりでした。

くぬぎ、ならの実、どんぐりなどはアクが強くそのままではとても食べられません。縄文時代の人々は様々な工夫を重ね、これらの実を粉にして水にさらせばアクが抜けることを知ります。そして、アクの抜けた粉をこねたり団子状にして食べるようになったのが、団子の始まりです。

やがて、米を搗（つ）いて餅にすることも覚えます。米を炊いてご飯にするといたんでしまい長期間保存できませんが、餅にすれば保存でき、温めたり焼いたりして食べることが可能です。古代の日本人は経験の中から米の特性を学び取り、餅という機能的な食べ物に加工する知恵を身に付けました。

誰に教わることなく、水にさらしてアクを抜くとか、飯を餅に搗くということを発明した日本人の知恵の素晴らしさに驚かされます。

餅は日本最古の加工食品です。日本最古の百科辞典といわれる「倭名類聚抄」（源順九三一～九三八）では、「毛知比」とも「持ち飯」とも記載されています。そして、それまでの木の実や果物とは違う、菓子の原点ともなりました。

古代では程度の違いこそあれ、食べ物全てが天からの授かりものだと考えられていましたが、とりわけ餅は神聖な食べ物として大切に扱われていました。民俗学者の柳田国男さんは、餅には神様の霊や魂が宿ると考えられていたと唱えています。

餅について記した古い文献は数多く残されていますが、その中から「豊後（ぶんご）風土記」の伝説のあらすじを紹介しましょう。

『その昔、豊後の国で、豊かで広い土地を持つ男がおりました。土地が肥えていたため、作物も良くできて裕福に暮らしていたといいます。しかし、やがて男は富に溺れて仕事をしなくなり、毎日贅沢な宴会を開いては、飲めや歌えの大騒ぎをするようになります。

そんなある日、酒席の座興で鏡餅を的にして矢を射ると言いだした男は、周りの人々がバチがあたるといって止めるのも聞かず、弓を引きます。男が放った矢は鏡餅に命中しましたが、命中すると同時に、鏡餅は白鳥になって空高く飛び去ってしまいました。そして、それから先、男の土地には二度と作物が実ることはありませんでした。』という話です。

この伝説からも、餅には神の力が宿っている特別な食べ物であることを、当時の人々が強く感じていた様子が読み取れます。

餅の中でも特に鏡餅は神聖視されていました。丸い餅は心臓をかたどったものだと考えられていたのです。昔は子方筋、いわば弟子から親方筋である師匠に鏡餅を差し上げる風習があったのですが、これには「私の心を差し上げます」という意味が込められています。今でも老舗と呼ばれる店では、弟子から鏡餅を受け取るという慣わしを続けているところがあるようです。

皆さんもご存知のとおり、餅を使った言葉やことわざは今もたくさん残っています。「餅肌」に始まり、「餅に搗く」は持て余すこと、「餅が搗ける」は正月の仕度ができること、「餅に砂糖」は貴重な餅にさらに贅沢な砂糖を付けることから転じて、話のうますぎることを言います。

どんなことにでも専門家がいるという意味の「餅は餅屋」という言葉がありますが、この餅屋とは和菓子屋のことをさしています。

このように数多くの言葉やことわざに生きていることからも、餅という食べ物の歴史が非常に古く、日本人にとって特別な意味を持つ食べ物であったことがわかります。

さて、現代では菓子というと甘いものを想像しますが、今のように砂糖がなかった昔は、甘味は薬と同じように扱われるほどの貴重品でした。甘味を得るためにずいぶん苦労をし、はちみつのほか、米を発芽させた米もやしを甘味に変えるというような方法をとっていました。『日本書紀』には神武天皇の「水なくして飴（たがね）を造らん」という記述がありますが、この「飴」は、今のキャンディの意味ではなく、米もやしでつくった甘いものをさしています。

米もやしから飴をつくるというと不思議に思う人がいるかもしれませんが、現在でも砂糖はいっさい使わずに米だけでつくる飴が全国各地で売られています。

米もやしと並ぶ甘味に甘葛（あまづら）という、ぶどう科の蔓性植物の汁を煎じ煮つめたものがあります。甘葛は「あまかつら（甘葛）」が短くなった言葉で、ウリ科の甘茶蔓とは全く別のものです。

甘葛は菓子の歴史に欠かせない甘味で、清少納言の『枕草子』にも「削り氷（ひ）に甘葛入れて、新しき鋺（かなまり）に入れたる」とあり、今でいうカキ氷に甘葛をかけて、新しい金物の器に入れて食べた様子が紹介されています。

贅沢な貴重品として扱われ、京都の朝廷は甘葛を年貢として献納するよう諸国に義務付けていました。伊賀、伊勢、紀伊、但馬、丹波、丹後といった、今の三重、和歌山、兵庫、京都などの国々が納め、福岡の太宰府からは他国を上回る大量の甘葛が献納されたという記録も残っていると聞きました。

端緒を開いた外来文化

餅の誕生で加工食品としての道を歩み始めた和菓子は、その後、外国からの影響を受けて、さらに大きな変貌を遂げることになります。

まず最初に入ってきたのは、遣唐使が中国から持ち帰った「唐菓子（からくだもの）」という八種類の菓子です。

「梅枝（ばいし）」、「桃子（とうし）」、「餲餬（かっこ）」、「桂心（けいしん）」、「黏臍（てんせい）」、「饆饠（ひちら）」、「鎚子（ついし）」、「団喜（だんき）」などという名前の八種類の菓子は、もち米やうるち米、麦、大豆、小豆などでつくられ、それぞれにデザイン性の高い特徴のある形をしていました。

中には日本人がそれまで知らなかった「油で揚げる」という調理法でつくられたものもありました。まだ搗いた餅を焼いて食べることしか知らなかった日本人にとって、様々な形につくられたり油で揚げられた唐菓子が、どれほどの驚きだったかは想像に難くありません。

唐菓子は日本では神様に捧げる神饌（しんせん）としてつくられるようになり、一般の庶民がひんぱんに食べられる菓子とはかけ離れた存在ではありました。しかし、中国から伝わった唐菓子の技術が、和菓子のその後の発展の原点となったことは間違いありません。現在でも、熱田神宮、春日大社や八坂神社、下鴨神社などでは、神饌として当時と同じような菓子を供えるしきたりが伝承されています。

次に和菓子に大きな影響を与えたのは、茶道です。

喫茶の習慣が中国から日本に伝えられたのは奈良朝のはじめ

の頃と言われていますが、喫茶と宋風の抹茶が伝わったのは鎌倉時代のはじめの一一九〇年頃、禅宗の僧侶である栄西禅師が、宋から茶の苗木を持ち帰って植えたことによるとされています。茶が日本に自生していたという説もありますが、いずれにせよ、日常的に茶を飲む習慣は栄西禅師によって伝えられました。

その喫茶の習慣が花開いたのが「茶道」のなりたちです。茶道には、「点心」という軽い食事がありました。点心の種類は一に「羹（あつもの）」二に「麺類」三に「饅頭類」でした。「羹」とは、汁のお椀とお考え頂くと分かりやすいと思います。この羹には猪の肉や鶏肉、魚など、様々な種類の具が使われ、四十八もの種類があったそうです。羊の肉が入った羹は羊羹（ようかん）と呼ばれていました。

当時、肉を食べる習慣のなかった日本人は、肉の代わりに、肉に似せて小豆の粉や小麦粉などを練ってつくったものを入れていました。羊羹には羊の肉に見立てた団子風のものが入っていたのです。やがて、この団子風のものを、汁に入れずに食べるようになります。いわば、お椀から具だけが外に飛び出したかたちで、豆の粉や小麦粉を蒸した食べ物が誕生します。これが羊羹の原型で、蒸し羊羹というべきものでした。そして、蒸し羊羹は江戸時代にはさらに変化し煉り羊羹へと発展することになります。

中国から伝わった喫茶の習慣は、長い歴史に育まれて、「茶の湯」という日本独特の文化に育ち、茶の湯ではうち栗や煎餅、栗の子餅、ふのやきなどが使われ、やがて和菓子として生活の中に根づくことになるのです。

南蛮菓子の伝来も、和菓子の発展の歴史に欠かせない出来事です。

江戸時代に鎖国令が敷かれる前、ポルトガルやスペインからボーロやカステイラ（カステラのこと）、金米糖（こんぺいとう）、ビスカウト（ビスケットのこと）、パン、有平糖（あるへいとう）、など様々な菓子が伝来し、その多くが今も伝えられています。

ところで、カステラは和菓子と洋菓子のどちらだと思いますか？　カステラと洋菓子のスポンジケーキが同じものだと考える人が多いようですが、実は全く別のものです。洋菓子のスポンジケーキはイスパタなどの膨張剤の力を借りてつくります。

配合さえ間違わなければふっくらと仕上がる仕組みです。

一方、カステラには膨張剤はいっさい入っていません。卵の膨れようとする力だけであのようにふっくらとした柔らかな生地をつくり上げているのです。ただ分量を合わせればよいというのではなく、卵を混ぜる力の入れ加減やタイミング、小麦粉との合わせ方、焼き方や焼いている途中で生じる大小様々な気泡を均一にして、なめらかに仕上げるための「泡切り」の方法など相当な技術が必要な菓子です。

テレビのバラエティ番組などで、カステラのルーツを辿るなどという企画を放送することがあります。ポルトガルか、スペインか、いや、カスティリアという国があったのだなどと検証をしているのですが、現地を訪れて辿り着くのは、日本のカステラには似ても似つかない硬いお菓子です。

実はカステラをはじめとする多くの南蛮菓子は、日本へ伝来してから、日本人によってつくり変えられて今に伝わっています。つまり、日本で生まれ育った、れっきとした和菓子なのです。

江戸の平和が磨いた和菓子

外国からの新しい文化に刺激を受けてきた和菓子は、江戸時代に華々しい発展を遂げることになります。江戸時代は和菓子にとって非常に重要な意味を持っていました。「菓子は食であって単なる食ではない」と私は言うのですが、生きるためのエネルギーとして必要な食ではなく、心の癒しや満足につながる、いわば食を超えた食だと言いたいのです。このような菓子が発展するためには、何よりもそれを楽しめる平和な時代背景が必要です。戦が絶えない状況では人々は生活に追われ、菓子を食べる余裕はありませんし、職人が菓子をつくる技術を磨いたり研鑽して、より良い菓子をつくろうという気持ちになれるはずがありません。

江戸時代は日本で初めて、戦のない平和な世の中をもたらしたと言ってよいでしょう。江戸時代三〇〇年の歴史の中では国内の争いごとはぴたっとおさまって、和菓子に限らず全ての文化が発展する上で望ましい時代背景を形成していたのです。

平和のおかげで農産物などの材料も豊富に手に入り、様々なものが使えるようになりました。山の芋やつるし柿を菓子に使おうといった、新しい工夫をこらすこともでき、アイデアに満ちた創造性の高い和菓子が誕生したのもこの時代です。

そして、江戸と京都の菓子が、互いに競い合うように栄えたことも、和菓子を発展させた理由のひとつです。

京都はすでに公家を中心にした完成度の高い街を形成しており、幕府公認の上等な菓子屋は二八四軒もあったと記録されています。そのうち禁裏の御用を賜る店は二八軒にものぼったといいます。

一方、江戸は新しい街づくりが始まったばかりで、当初は土木工事や大工仕事のための、力のもとになる団子や餅などの菓子が必要でした。やがて武家を中心に街が栄え始めると、京友禅に対して江戸小紋、京都の白足袋に江戸の紺足袋というように、江戸は独特の文化を生み出します。

このような背景の中で京都の京菓子に対し、江戸の上菓子が生まれ、二つの街で育まれた和菓子はそれぞれが独特の個性を見せながら、競いあって発展してきたのです。また、江戸時代の参勤交代も、全国の菓子を他の地域に伝播させ、それぞれが刺激しあいながら、より良い和菓子をつくるということに、素晴らしい影響を与えました。

なにしろ、それまで戦をしていた日本の諸国が、突然、交流を始めたのです。諸大名が自国の銘菓を江戸幕府に献上することもあったでしょうし、出府（江戸に行くこと）の通り道で各地の菓子と出合い、はじめての美味しさに感激することもあったでしょう。道路が整備され道中切手を持てば大名に限らず誰もが全国どこへでも歩いて移動することができるようになったのです。

人々は遠く離れた土地の美味しい菓子を食べたり、噂で聞いて、時には想像で真似してつくったりしながら、地元の菓子の発展に役立てたに違いありません。

明治時代になると、外国から急激に様々な文化が伝来することになります。西洋の菓子が、日本人に大きな刺激を与えたことは言うまでもありません。

しかし、何よりも和菓子の発展に一番大きな影響を与えたのは、外国の調理器具の伝来です。

例えばオーブン釜の登場で、焼き菓子の技術や種類は飛躍的に変化し発達しました。それまで平鍋という銅板で下からしか焼けなかったものが、オーブン釜の導入で上からも下からも高温で焼くことができるようになり、栗饅頭や桃山、カステラ饅頭などをはじめとする焼き菓子類の多くが明治時代以降に目覚しく発展したのです。

ルーツは日本にあり

そして大正、昭和を経て現代の和菓子へとつながるわけですが、これまでの和菓子の歴史を振り返って、どのような感想を持たれましたか。

茶の湯の点心、あるいは唐菓子や南蛮菓子など外来文化の影響を受けて和菓子は発展してきました。中には「日本人は外国のものを真似ることが上手だから」とか、「モノ真似から始まったのだ」と思う人がいるかもしれませんが、それは大きな間違いです。

なぜなら日本人は、モノ真似ではなく外国の文化を一度自分の中に取り入れて、自分のものとして消化してから全く新たなものを生み出しているからです。

先ほど、カステラの原点を辿ってみると似ても似つかない菓子だと話しましたが、同じようなことが全ての和菓子に言えるのです。饅頭も中国の原型には肉や野菜が入っていましたが今のように餡が入っているのは、日本で生まれたものなのです。

外国の文化をどんどん取り入れて、新たなものをつくり出す。進取の気性に富むと言いましょうか。このような創作の心を、日本人はずっと昔から持っていたのです。この創造性が、日本の食文化を大きく変えてきました。

例えば、饅頭の種（皮の部分）につくね芋を加えればふっくらと浮くという知恵は、いったいどこから生まれたのでしょうか。自然薯やつくね芋は麦ご飯や玄米の消化を良くすることから、すりおろしてご飯にかけて食べるということはしきりに行われていました。しかし、その膨らもうとする力を菓子に生かそうというのは、まさに日本人の知恵であり進取の気性にほかなりません。材料は米粉と芋と砂糖だけで、芋の自然な粘性を利用してふっくらとした生地にし、しかも米粉と芋の香りが一緒になった素晴らしい薯蕷饅頭を生み出したのです。

蒸し羊羹に寒天を加えて誕生した今の煉り羊羹も、驚くべき創造性の賜物です。蒸し羊羹を当然のように食べていた時代に、誰が寒天を入れてみようと思いついたのでしょうか。柿羊羹にしても、つるし柿を裏漉しして羊羹に入れると柿の風味や甘さが生きて美味しいなどと、いったい誰が考え出したのでしょうか。

この日本人の創造性は、今も間違いなく和菓子の世界に引き継がれていますね。いちご大福という和菓子をご存じですか。大福の中に餡といちごが同居しているのですが、この発想はおいそれとできるものではありません。いちごの代わりにキウイフルーツだ、バナナだと果物を入れれば良いということではなかったでしょう。それを考えると単なるミスマッチの面白さではない、恐ろしいほどの創造性の賜物だということがわかります。

和菓子はどんな材料を使っても構わないのです。これを使ったら和菓子ではない、という材料はありません。実に懐の深い食べ物なのだと言えますし、日本人の進取の気性、創造性こそが、数多くの和菓子を育んできたと言ってよいと思います。

和菓子のルーツ、それは間違いなく日本にあるのです。

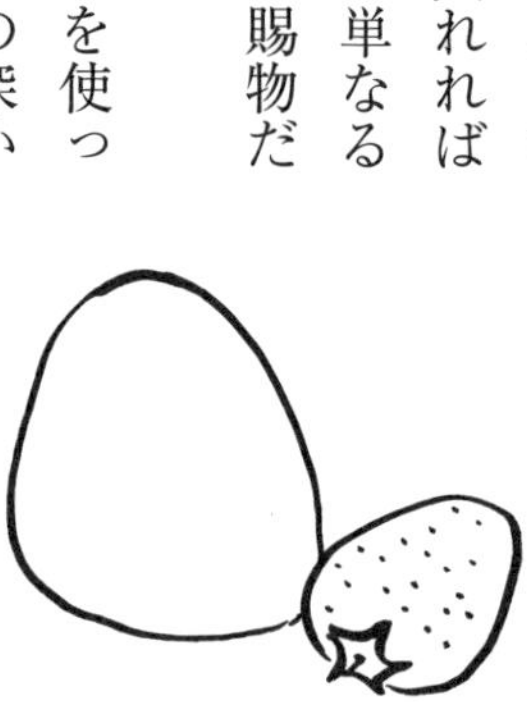

六月十六日は和菓子の日

全国和菓子協会が六月十六日を「和菓子の日」に設定したのは、昭和五十四年（一九七九年）のことです。どうしてこの日なのだろうと、疑問に思う人も多くいることでしょう。実際、和菓子の関係者の中でも、そんな梅雨どきではなく、春先や秋口のほうが和菓子にふさわしいのではないかなど、様々な声がありました。確かに、二月九日は肉の日、八月四日は箸の日など、食べ物や事物、活動にまつわる記念日の多くが、数字の語呂合わせなどによって設定されています。しかし、歴史ある和菓子の記念日を、そのような理由で決めるわけにはいきません。

六月十六日は、かつて和菓子にとって大きな意味のある祝いの日でした。

西暦八四八年、当時国内に蔓延していた疫病をなんとか鎮めたいと考えた仁明天皇は、六月十六日、元号を「嘉祥（かじょう）」と改め、神託に基づいて十六の数にちなんだ菓子や餅を神前に供え、疫病の退散と健康招福を祈願しました。

以降、六月十六日は「嘉祥の日」と呼ばれ、年中行事として受け継がれていたのです。後嵯峨天皇が吉例として行ったことをはじめ、室町時代には「かつうの日」と女房言葉で呼ばれ、この日を祝うことが当然の行事として定着していた様子などが、多くの古書に記されています。

その中のひとつ、豊臣秀吉が嘉祥の日を祝った様子が記された『武徳編年集成・四十四』の抜粋を紹介しましょう。

慶長三年六月十六日夜ニ入嘉祥ノ祝アリ、秀吉ハ上段褥ノ上ニ蒲團ヲ布テ著座、秀頼其傍ニ待座セラル、其下段中央ニ片木ニ色々ノ菓子ヲ積ンデ並べ置、此席へハ、中老、五奉行、近習ノミ出座シテ是ヲ頂戴ス、其餘毎席如三是ノ品々ノ菓子積置、官職ノ高下ニ依テ其席ヲ異ニシ、皆菓子ヲ得テ退クコト恒例ノ如シ、（後略）

秀吉の傍に小さな秀頼がいて、中老や五奉行が菓子を賜る様子を読み取ることができます。そのほか『徳川年中行事・六月』には、将軍から手渡しで菓子を頂戴する家臣の身分や、菓子の種類や数など、儀式の詳細が記されています。

このように平安時代の八四八年から続き、江戸時代には特に盛んに祝われた嘉祥の日でしたが、残念なことに明治維新という急激な時代の変革によって取り止められてしまいました。

この、菓子にまつわる歴史的な日を現代に復活させたのが「和菓子の日」です。あえて初夏の蒸し暑い時期に選んだのは、和菓子が日本人の健康に役立ち生活の営みの中で生き続けてきたという事実を、多くの人に知ってもらうとともに後世に伝え残すという願いが込められているのです。

そして和菓子をつくる人自らが、和菓子の良さを見つめ直して、多くの人に喜んでもらえる和菓子をつくるために、研鑽し努力していくことを忘れないようにしなければならないとの決意を込めて設定されました。

私は長く和菓子の仕事に携わってきましたが、日々実感するのは、和菓子が日本人の知恵や創造性の結晶であるという動かし難い事実です。その歴史を知れば知るほど、発想の豊かさに触れれば触れるほど、日本人や日本の文化がいかに素晴らしいかという誇りや喜びを感じずにはいられません。

第三章
季節を映しとる手づくりの技

和菓子に息づく日本人の季節感

季節が感じられるというのは、和菓子の大きな魅力のひとつです。

そろそろ桜の便りが届くかな、という時期に和菓子屋の店先を覗くと、桜餅や桜の花をかたどった生菓子などが並び、店全体に春の暖かさが漂い始めています。夏になると水の流れをイメージした和菓子が、冬には雪の静けさや木漏れ日の暖かさを表現している和菓子が登場します。

気をつけてみると、四季折々、様々な種類の和菓子がつくられ、やがて来る季節の訪れを告げていることに気づくはずです。

和菓子の持つ季節感には、日本の風土が大きく影響しています。

なにしろ、日本ほど美しい四季を持つ国はないと言われます。春の芽吹き、秋の紅葉。私たちが当然のように享受しているこの鮮やかな四季の移ろいは、決してどこでも手に入るものではないのです。勿論、世界のどの国にも四季はあるでしょうが、秋はわずか一週間程度で、すぐに冬がやって来るような国も数多くあります。

日本のように四つの季節が見事に均等に分かれている国を私はほかに知りません。海に囲まれ、山々が連なる豊かな自然に恵まれた日本の風土ゆえに存在する四季の移ろいを、日本人は身近に感じて心の奥に独特の感性と季節感を育んできました。

例えば、夏に心地良い音色を奏でる風鈴を思い出してください。短冊が柔らかな風に揺れて「チリンチリン・・・」と鳴る音を、私たちは涼しげに感じますね。しかしよく考えてみると、チリンと心地良く響く程度の風では、さほど涼しくないはずです。真夏の暑い日に涼しいと感じることができるような風でしたら、風鈴が「チリチリチリチリ！」と怒ったように勢いよく鳴ってしまいます。それではむしろ涼しげではなく、うるさいということになりませんか。

つまり、日本人は涼しいと感じるほどではないささやかな風を、音に変えて涼を愉しんでいるわけですね。なんとも繊細で趣のある感性を持っているではありませんか。

音だけではありません。見た目の涼しさも日本人独特の感性です。夏になると、ネクタイ売り場には紗や絽の素材のネクタイが並びます。確かに目が粗く薄い素材で涼しげですが、締める本人にしてみれば、多少、素材が変わったからといって、首に布地を巻きつけることに変わりはありません。布地が変わってもちっとも涼しくはない

のです。しかし、見る人に涼しさを感じてほしいと気遣って、わざわざ素材を変えて装う。ネクタイの本家である欧米には見られない発想です。

実際はさほど涼しくなくても、音や見た目で涼しげに感じようとする心。「涼感を知る」とでも言いましょうか。この感覚を日本人の誰もが当たり前のように日常に取り入れています。そして、古くから和菓子の世界にも生かされてきました。

夏になると葛を使った和菓子がつくられます。透き通った質感が水を想わせて、見るからに涼しげです。多くの人は、葛の和菓子は冷やして食べるからヒンヤリして暑さをしのげる、と考えるかもしれません。しかし、実はそうではありません。葛はでんぷん質でできていますので、冷やすと老化して硬くなり美味しさを失ってしまいます。常温で食べてこそ葛の美味しさが味わえます。風鈴やネクタイと同じように、目で見て涼を誘う和菓子なのです。

この涼感を知る心は、日本人の季節感を象徴する感性です。

美しい四季と寄り添って生きる中で、日本人は涼感に代表されるような繊細で優れた感性を育んできました。和菓子はそんな日本人の自然に寄せる想いを大切にして、長い歴史の中で変わらずに季節を表現してきたのです。

残念なことに、現代の日本では季節感が次第に失われつつあります。街の中から木々が減り、花が咲いたり実がなったり、春の芽吹きを目にする機会が少なくなってきました。八百屋の店先から露地ものの旬が消え、ハウス栽培の野菜がいつの季節にも並んでいます。魚屋では近海ものの旬とはおかまいなしに、地球の裏側で獲れた魚が一年中売られるようになりました。冷凍技術の進歩がこの便利と贅沢を生み出したわけで、それはそれで現代人にとっては大きな恵みであるとも言えますが、それも、少々淋しい気持ちがしますね。

それを考えると和菓子の季節感が何を意味するのか、自ずと気づいてもらえるのではないでしょうか。

和菓子には二つの季節がある

「季節感のある和菓子」という言葉には、大きくいって二つの要素があります。ひとつは「その季節にだけつくられる和菓子」、そしてもうひとつは「季節を表現する和菓子」です。

「その季節にだけつくられる和菓子」を例にあげると、花びら餅、草餅やうぐいす餅、桜餅、柏餅など季節ごとにいろいろな和菓子があります。なかにはこれらの和菓子を一年中つくって名物にしている店もありますが、多くの場合はその季節にだけつくられます。桜餅が並ぶと春を感じる、柏餅が並ぶと初夏を感じるというように、季節の到来を告げる役割を果たす和菓子です。

これらの和菓子は本当の季節の訪れに先がけて、ほんの少しだけ早く店頭に並びます。早ければ良いというものではありません。「また、春が来る」「そろそろ秋めいてきた」と皆さんが感じはじめる頃といいますか、日本人の心の奥にある季節感にぴったりと合う頃合いでなければなりません。

そして、その季節が過ぎるとぱたっとつくられなくなります。柏餅は端午の節句が過ぎると店先から姿を消します。どんなに要望があっても、ある時季を過ぎたら、「来年またお目にかかりましょうね」と言って、すっと身を引く。この潔さは日本人が持っている季節の移り変わりへの特別な想いがなせることだと言えるでしょう。

まだ買う人がいるのにつくらないのはもったいないようにも思えますが、逆にこの潔さがひとつひとつの和菓子の命を長く保っているのです。一年のうちでその季節にだけ食べられる。「そろそろ・・・」と思い出すものだからこそ、より長く愛されているとも言えるのです。

和菓子好きの人は、このような和菓子の持つ季節感をよく知っているのですね。面白い話があります。八月中は飛ぶように売れる水羊羹が、九月になるといくら残暑が厳しくてもとたんに売れなくなります。勿論、缶詰の水羊羹を冬に食べるという

こともあるでしょう。ストーブの側や暖房のきいた部屋で食べる水羊羹もおつなものですし、地方によっては冬に水ようかんを食べる風習があるところもあります。しかし、つくりたての四角く切った水羊羹が店に並ぶのは、やはり夏の限られた期間だけなのです。この事実は和菓子好きの人がいかに季節を和菓子の中に求めているか、和菓子の愉しみ方を知っているかということを示しているのだと思います。

一方、「季節を表現する和菓子」というのは、形や色合い、菓銘の音の響きで季節の訪れを表現し、それを感じてもらう和菓子のことです。

「きんとん」という和菓子があります。そぼろ状にした餡をまぶしてまとめた和菓子ですが、このきんとんも、季節によって菓銘と装いが変わります。お正月の頃につくられる「芽吹き」という菓銘のきんとんは、そぼろを白と若葉色のまだらにして、雪の中から若芽が萌え出る様子を表現したもの。梅の咲く二月はそぼろを赤と白にした「此の花（このはな：梅の花のこと）」。十一月には茶色のそぼろに白い粉糖を振って「初霜」というように、風情あふれる菓銘と意匠はそれこそ何十種類にも及び、それぞれの季節を多彩に表現しています。

花などの形を模した彩りの美しい生菓子は「煉り切り」または「こなし」というも

のですが、餡と芋などを混ぜた素材でつくりますので一年を通して味は変わらないものです。その素材で四季の花々や風物をかたどって、目にも楽しく季節を表現する和菓子です。

これらの和菓子も実際の季節より少しだけ早めに店頭に並びます。「そろそろ桃の咲く季節だな」と思う気持ちに先がけて桃の花を映しとった煉り切りがつくられるのです。店によって違いますが、少なくとも月ごとに、多い店の場合には、一年間を「立春」「夏至」のように二十四節気に分けた節気毎に、ひんぱんな店では二十四節気をさらに三ツに区分した七十二候、例えば立春の初候は「東風解凍」つまり春風が吹き氷が融けはじめる頃、第二候は鶯の初音を聴く頃で「鶯鳴く」、「魚氷にあがる」で魚が氷の割れめから顔を出すように、など七十二に分けた季節毎に、きんとんや煉り切りの種類を全て入れ替えて季節を表現するという和菓子屋もあります。

そういう想いであらためて和菓子屋の店先を覗くと、足を運ぶごとに異なる菓銘の和菓子が並んでいて、その表現の豊かさに驚かされます。

例えば冬には「福寿草」や「寒紅梅」などという菓銘の煉り切りがつくられます。

同じ日本の冬でも、昔の生活の中ではどんなに寒さが厳しかったかは想像に難くありません。暖房器具がないのは勿論のこと、雨戸がある家は贅沢なほうで、板戸一枚という家もたくさんありました。板戸にすき間があれば冷たい風や雪が吹き込んで、外にいるのと同じように寒かったことでしょう。布団にくるまって震えながら、春を待ちわびていたに違いありません。また、昔の人々にとって、春はただ暖かくなるだけではなく、畑や田んぼに種をまくという、まさに生活の営みが始まる希望に満ちた季節でした。早く春が来てほしいという願いは、今とは比べものにならないほど大きく、切実なものだったことでしょう。

そんな気持ちの冬に咲く、黄金色の福寿草の花や小さな新芽。この花を見ると、人々はやがて訪れようとする春を感じ、残る冬をなんとか耐え抜こうと元気づけられたに違いありません。愛らしい小さな花が、耐え忍ぶ心の大きな支えとなったことでしょう。

「福寿草」「寒紅梅」と名付けられた和菓子は、昔の人々の季節がめぐりくることを待つ心を語り継いでいるのです。

前述したとおり、確かに日本人の心の中にある季節感は薄れつつあります。しかし、年配の人も、若い人も、現代の人は現代の人なりに、季節に対する独特の感性を持っています。「暖かくなったね」「寒くなりました」と、誰もが季節を語って挨拶を交わす。そんな情景が今でもまだ当たり前のように日常にあります。日本人の心の中には独特の季節感が生き続けているのです。

その心で、ぜひ和菓子を愉しんでほしいものだと思います。

技から伝わる心

季節を表現する和菓子には「型もの」といって木型などに餡などの素材を入れて形をつくるものと、「手形もの」といって、ほとんど手だけで形づくるものがあります。「手形もの」は、補助的に小さなへらなどの道具を使いますが、基本的には職人の手だけで形づくられる和菓子です。「手技」で全てが決まると言っても過言ではありません。

不思議なもので、手技にはその人の心が表れます。「忙しいなー」と思いながらつくれば忙しそうな和菓子になるし、「美味しく食べてもらいたいな」「ああ、いい陽気だな」と思いながらつくれば、その気持ちが形に表れるものです。

心が手技に伝わるというのはなにも和菓子だけではありません。文字や絵は勿論ですし、箱や箪笥などをつくる指物師など、日本人が誇る技や匠に結びつく手仕事全てに言えることです。

ただ、和菓子がほかの手づくりの仕事よりも少々目立つのは、季節によって表現が変化するという点です。いつも同じものをつくるのではなく、季節に応じて多様な表現をしますから、そこに創造性や個性がより強く表れるのです。

例えば、「あやめ」を模した和菓子をつくるとしましょう。ある職人は煉り切り餡を布巾で包んでぎゅっとひねって、抽象的だけれども力強く心に訴えかけるあやめをつくります。一方で、ある職人は花だけでなく葉の葉脈ひとつひとつまでも表現したような、繊細なあやめをつくります。どちらが良い、悪いというのではありません。表現の違いは個性なのです。

この個性が和菓子の愉しみのひとつです。同じ菓銘でも、店によって全く異なる表現、風情、味わいの和菓子が並ぶわけですから、食べる人の好みに合わせて店を選ぶこともできるわけです。

おおげさではなく店の数だけ、そしてつくる職人の数だけ個性があるのです。その中から自分の好みに合うものを探しながら、和菓子を眺めるのは愉しいものです。「これ」という一品に、必ずめぐり合うことができるはずです。

創造性や個性を発揮できる一方で、手づくりの和菓子には全く同じものが二つとできないという面白さと、恐さが同居しています。同じ職人がつくった同じ菓銘の和菓子でも、ひとつひとつ、微妙に違いが出てきます。何グラムという重さを手の感覚だけで量る熟練の職人でも、押す、ひねるといった手仕事の力の入れ方、素材の薄さなどを、寸分たがわず同じ形に仕上げることはできません。

どんなに機械文明が発達しても人間の手に優る繊細さを持つ機械はできません。例えば技術の進歩によって一平方センチメートル当たりに一グラムの力をかけることができるロボット（機械）をつくることはできますが、触るか触らないかという○・○一グラムの力を加えることができる機械はありません。

それゆえにそれぞれの菓子の微妙な表情の違いは手づくりならではの「味わい」になるという良さがあるのです。しかし、ちょっとした手のくるいが大きな違いになりますから、いい加減なことは決してできないという緊張感がついてまわるのです。

和菓子をつくる職人は、和菓子づくりはいつも真剣勝負だと言います。

食べる人にどんな喜びや愉しみを与えられるかを考えながら、この世にたったひとつの和菓子をつくり出す。これは機械による大量生産ではできない。いわば、つくり手の心が生かされてこそできる仕事なのだと誇りを持って話します。

和菓子には、その土地の地域性も映し出されます。私は仕事などで東京を離れるときには、訪れた土地で和菓子屋を探して必ず足を運ぶようにしています。どのような街のどのような場所に店を構えているのか、店の佇まいや雰囲気、迎えてくれる店員の物腰などを心に刻みながら、その土地ならではの話題や、その店の自慢の菓子は何かを聞いて買い求めるのを愉しみにしています。

地方の和菓子屋に限ったことではありません。都会のデパートの売り場でも、どんな人が売っているのか、表情や笑顔、受け答えなどが、その店の和菓子とともに印象に残ります。

和菓子は職人は勿論のこと、店主や販売員など様々な人が関わってつくり売られています。それだけ多くの人の心が込められているということです。

和菓子屋は、ほとんど全てといって良いほど店員が相手をする対面販売で売られています。

言いかえればスーパーマーケットやコンビニエンスストアで「もの言わぬ」棚を相手に買うのとは根本的に違うのです。対面販売の良さは「人が扱うゆえのサービスなどに、ぬくもりが感じられること」とはよく言われますが、実はそれだけでは対面販売の良さを味わったことにはなりません。ここまでいろいろと話してきたような、その和菓子の持つ背景や材料などを知ることや、様々な情報を得られることが本当の意味でいう対面販売の良さなのです。

買う人がそういう質問をすることは、同時に販売員の教育にもつながります。それが日本の食文化を守ることにつながってくるのです。買う人にそれを求めることはある意味では失礼なことかもしれませんが、そうした小さなことが日本の文化を守ることにもつながるのです。

ですから和菓子を買うときにはいろいろと訊ねてほしいと思いますね。

私がこれまで多くの和菓子を手にとり、それに関わる人々と接してきて感じることは、和菓子を愉しむというのは、人間を知ることなんだなぁということです。

そのような気持ちで和菓子屋の店先を見ると、つくり手が和菓子に込めた心を伝えようとするかのように和菓子が語りかけてくるものです。

第四章

和菓子の種類と材料

和菓子の分類

多くの本で和菓子の種類を分類した表が紹介されていますが、そのほとんどが正しい分類になっていないと言わざるをえません。なぜなら、分類表の中に、いくつもの分類基準が混在しているからです。

使う道具を示した「平鍋もの」「オーブンもの」というくくりがあるかと思えば、素材を表した「餅もの」、形を取り上げた「棹もの」、和菓子の水分量の違いによる「生菓子」、「半生菓子」、「干菓子」といったように、様々な基準の項目が入り乱れて混乱しています。

なぜ、和菓子の分類はこのように複雑なのでしょうか。例えば羊羹を例にとると、一般的に羊羹は「生菓子」で、「棹もの」で「流しもの」ということになるのですが、その羊羹の水分量によっては「半生菓子」になり、丸く流し固めれば「棹もの」とは呼べません。これは、和菓子が全国のあらゆる地域で、同じ頃に自然発生してきた食べ物だからということも理由のひとつではないでしょうか。今のように交通や情報手段が発達していない昔、誰に教えられたわけでもなく、手に入る農産物であれこれと工夫してつくり出されたのが和菓子です。ですから、同じ素材でも地域によって全く違う発展の仕方をしているものや、逆に遠く離れた土地で偶然、似通った和菓子がつくられている場合もあります。

素材も道具も、製法も形も食べ方も、何もかもばらばらに発展してきた全国の和菓子を、一つの表にまとめて分類しようと考えること自体、無理な話だとも言えます。とはいえ、分類の中にはちょっと知っておくと、和菓子を愉しむ上で役に立つものもいくつかあります。そのひとつは、朝生菓子と上生菓子の違いです。

朝生菓子は並生菓子とも呼ばれており、その日の朝につくって、その日のうちに食べる生菓子のことです。草餅や団子、大福など、馴染みのある生菓子のほとんどが朝生菓子です。

餅などでんぷん系のものは、どうしても時間がたつと老化して硬くなります。これを防ぐためには保水性の高い砂糖などを加える方法がありますが、それによってその菓子本来の味を損なっては意味がありません。でんぷん質の多い菓子や餅などは硬くなるべくして硬くなると考えるのが正しいのです。何かを添加して老化を防ぐというのは、少々和菓子の精神に反します。そこで、毎朝こしらえて、その日のうちに食べてもらう。すなわち素材本来の持ち味を生かしたものが、朝生菓子と言えるでしょう。朝生菓子にはその季節にだけつくられる和菓子が多く、価格の面から見ても庶民的な親しみやすさを持ち合わせています。

一方、上生菓子は季節を装う生菓子と考えてよいでしょう。煉り切りなどがこの部類で、翌日でも、場合によっては二～三日後でも美味しく食べることが可能です。朝生菓子（並生菓子）と上生菓子。同じ生菓子でも違いを知って、用途に合わせて使い分けるといいでしょう。

しかし、並生菓子と上生菓子とはちょっと変な仕分け方ですね。何やら上生菓子は上等で並生菓子は・・・・。という印象を持ってしまうかもしれません。これは業界言葉なのですが、決して上等と並を区別する意味ではないのです。

その昔、砂糖が配給で自由に買うことができなかった頃に、より多く砂糖を使った和菓子とそうではない和菓子を区別する意味でそのように呼んでいました。その言葉だけが現在も生き残っているのです。

余談ですが、和菓子の業界用語には面白い言葉があって「喰い口もの」という言い方もそのひとつです。この意味は、私のような業界人でも正しく説明できないような言葉ですが、おそらく、さほど手はかかっていないけれど、とても美味しい和菓子だというような意味だととらえています。でも、「喰い口が良い」などという言葉は食べ物にならなんにでも使えるちょっと曖昧でいい言葉ですよね。

ところで、先ほど朝生菓子はその日につくってその日のうちに食べると言いましたが、つくりたてではまだ美味しさが充分ではない和菓子もあります。例えば栗饅頭とかカステラ饅頭などの焼き菓子は、つくりたてよりも明くる日のほうがぐんと美味しさを増します。生地と餡が馴染んでくるのですが、業界ではそれを「戻りが良い」などと言います。できたてだけが全て良いわけではありません。時間がたって美味しくなる菓子があることも知ってほしいことのひとつです。

参考までに、一般的な分類の一部も紹介します。

「餅もの」・・・柏餅、大福、道明寺、おはぎなど。

「蒸しもの」・・・蒸し饅頭や蒸し羊羹など。

「焼きもの」・・平鍋ものはどら焼き、桜餅、金鍔（きんつば）など。オーブンものは栗饅頭や桃山など。

「流しもの」・・型に流し込んでつくる和菓子。羊羹など。

「煉りもの」・・煉り切り、こなし、ぎゅうひなど。

「揚げもの」・・揚げ饅頭など。

「おかもの」・・別々の素材を組み合わせて、そのまま熱や手を加えない和菓子。最中など。

「打ちもの」・・型に入れて打ち固めたあと、型から取り出した和菓子。落雁など。

「押しもの」・・型などに入れて押し付けてつくる和菓子。塩釜、むらさめなど。

「かけもの」・・砂糖などをかけた和菓子。おこしなど。

饅頭は何種類ある？

和菓子の分類は非常に複雑だという話をしましたが、例えば饅頭にはどれくらいの種類があると思いますか。

饅頭は大きく分けて、焼き饅頭と蒸し饅頭があります。

蒸し饅頭は種（皮の部分）の中に餡を包んで蒸したものをいいますが、餡の種類は小豆の漉し餡、小豆のつぶし餡、小倉餡（漉餡にかの子豆を混ぜた餡）、うぐいす餡

（えんどうでつくった餡）、栗餡、ごま餡、柚子餡、抹茶餡、味噌餡、その他と限りなくあります。当然ですね。美味しいものなら何を餡にしてもよいのです。

外側の種も黒砂糖やきなこ、味噌を混ぜたものなど様々です。小麦粉ではなく上用粉という米粉でつくる上用饅頭、そば粉を使ったそば饅頭、もち米を材料としたかるかん粉を使ったかるかん饅頭、粘りのある芋を加えてふっくらとさせた薯蕷饅頭。酒の麹で発酵させる酒饅頭、清酒を入れた清酒饅頭、葛（くず）を使った葛饅頭というように、ざっというだけでも数十種類になります。

焼き饅頭には、オーブン釜で焼く栗饅頭やカステラ饅頭などがあります。

しかも、歴史ある城下町や門前町を訪れると、その土地土地にご自慢の「○○饅頭」というものがつくられています。観光地でも、次々とアイデア饅頭が売られています。形や大きさ、

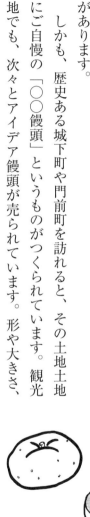

餡や種の種類とそれこそ自由につくってよいわけですから、全国に何種類の饅頭があるかなんて、とても数えられるものではありません。

いってみれば、そのひとつひとつが和菓子の種類です。

「和菓子は何種類ありますか」という質問を受けることがよくありますが、そんなとき、私は「そうですね、和菓子はつくった人間の数だけ種類があります」と答えることにしています。これはなかば冗談ではありますが、和菓子は規格品ではありませんので、ある意味では真実を伝える言葉でもあります。材料の豊富さに地域の特性が加わり、饅頭だけでなく、羊羹にも最中にも、そのほかの全ての和菓子にそれぞれ同じようなことが言えるのです。饅頭だけでも、おそらく全国に千種類近くはあるでしょうから、世の中の和菓子の種類が大変な数にのぼることは想像してもらえるでしょう。

しかも、ただ種類が多いだけではなく、日常的に食べる団子

や餅から、茶席での干菓子や、技術の華と言われる飾り菓子（工芸菓子）まで、用途に合わせた幅広さも持ち合わせています。

和菓子と聞くと、華やかで繊細できれいにつくられた菓子を思い浮かべる人が多いようです。確かに書店に並んでいる和菓子の本には、彩り豊かで風情にあふれる、美しい装いの煉り切りなどの上生菓子が中心に紹介されています。勿論、それも和菓子の世界の一部です。しかし、和菓子の多くは、生活に密着して気取りなく食べられるものなのです。

例えば地方へ行くと、饅頭を押しつぶして平鍋で表面を焼いた素朴な和菓子と出合うことがあります。決して手は込んでいないのですが、その土地の人々の人情を思わせるような、どこか懐かしい心温まる味わいがするものです。そして、その饅頭も和菓子の種類のひとつとなります。

百人がつくれば百の味になる「餡」

先ほど、「つくる人の数だけ、和菓子の種類がある」と言いましたが、実は小豆餡は小豆と砂糖だけしか使わないにもかかわらず、百人がつくれば百の味に仕上がるほど繊細微妙なものです。

小豆を炊くときに一番大切なのは、「渋を切る」という作業です。沸騰させたあとで、小豆から出たタンニンやサポニンなどの苦味や渋味成分を含んだ煮汁を捨てます。サポニンは炊いていると泡立つ成分で、戦時中は石鹸の代用にも使われたといいます。のどの薬になったり、血液をサラサラにする良い効果もありますが、一方で、多く摂りすぎると毒性を示します。

つまり、渋を切るのは理にかなった作業なのです。昔の人は科学的な知識などなくても、身を守る方法を体得していたんですね。渋切りという作業ひとつをとっても、先人の生活の知恵には感心させられます。

そして、餡がどのように仕上がるかは、この渋の切り方が大きく作用します。

実は、小豆にはほかの豆とは違う特殊な性質があり、皮から水を吸いません。「種留（しゅりゅう）」と呼ぶところからしか、水や空気が出入りできないのです。黒豆をひと晩水に漬けておくと水が真っ黒になりますが、小豆の場合はそんなに水の色は変わりません。皮を通して水が出入りしていないことがよくわかります。

小豆を炊くと、渋を切る前の沸騰している状態で、すでに種留から温水を吸っていることになります。一方で、渋みも温水に出ています。いつまでも炊いていると、せっかく出た渋みが再び種留から小豆の中に入ってしまい、渋味を中に蓄えて炊くことになります。

沸騰したあと何分たった時点で渋を切るか、また、強火であっという間に沸騰させるのか、弱火でじわじわ沸騰させるのかという火の入れ方でも、餡の味や色の全てが変わってきます。しかも、それが小豆の産地や種類、その年の天候状況による生育の過程や小豆の保存状態によって様々な違いを生みます。それを個々の職人が自分の判断で、火加減やタイミングを決めなければなりません。

渋の切り方だけでも味が違ってくる上に、さらに漉し方や水さらしの方法、使う砂糖の種類、砂糖を加えたあとの煉り方や煉り時間など、あらゆる条件によって、餡というものが決まってきます。

百人がつくれば百の餡ができるということを理解してもらえるのではないかと思います。つまり手づくりの和菓子には、それだけの個性があるということなのです。

味が濃くてしっかりしている、ほんのわずか渋みが残ってそれがときに生きている、いくらでも食べられるほどあっさりしているなど、店によって餡の味が違いますが、それは同時に買う人にとっては選ぶ愉しみがあるということです。小豆餡だけでなく、白餡、うぐいす餡、芋餡なども、同じことです。

心を包む、日本人の個性

和菓子が個性的だという話をしましたが、洋菓子に比べて、和菓子は地味だと感じる人が多いのではないでしょうか。

一般的に洋菓子のデコレーションは縦に積み上げてあります。スポンジの上にクリームを塗って、フルーツを載せて、チョコレートで飾りつけてと、外へ外へ華やかにアピールしていきます。私はたわむれに「積み上げ文化の洋菓子」と呼んでいます。

一方で、和菓子は包む食文化です。栗が自慢の栗饅頭も、ずいぶん手間をかけてつくった蜜漬けの梅も、せっかくだから上に載せて見せればよいのに、そうではなく中に包んでいる和菓子がほとんどです。

「さぁ、どうだ」と自慢げに見せるのではなく、美味しさを内に秘めて、控えめにしていている。これは、和菓子が日本人によって生み出され、育まれ、つくられている、いわば日本人の心をそのまま映し出す食べ物だからと言っては言い過ぎでしょうか。

日本人の「包む」という心を表した例はほかにもあります。例えば、外国にはじめて出かける人が、「日本にはチップの習慣がないから外国でとまどいそうだ」という話をしますね。でも、これは全く事実ではありません。

日本には江戸時代からご祝儀やおひねりという、チップの習慣が当たり前のようにあったのです。お使いに行ってきた小僧さんに、「ご苦労さん」と言って、紙に包んだおひねりを渡すというようなことは日常的に行われていました。

たまの贅沢で温泉旅館に行ったときなど仲居さんに「心付け」といってポチ袋（小さなのし袋）に入れた寸志を渡したことはありませんか。あれこそが日本に伝わるチップですよ。

ただ、外国のようにお金をむき出しで渡すことはありません。

例外はあるでしょうが、必ず祝儀袋やポチ袋に入れて、あるいは紙で包んで渡していました。

このように、それがたとえ相手にとって嬉しいものであったとしても、それをむき出しにしない日本人の繊細な心が、和菓子の包むという文化にも表れているのだと感じますね。

和菓子は大変個性豊かですが、その個性は外見ではすぐにわからないものもあります。人間の個性と同じです。最近は親から授かった体に穴をあけてピアスで飾ったり、わざと破れたジーンズをはくなどお洒落も様々ですが、服装などの外見では本当の個性はわかりません。付き合ってみてはじめて内面の心持ちの良さなどその人の個性がわかってくるものです。

ぱっと見てわかる個性よりも、じっくりと味わってはじめて個性にふれる。そんな和菓子の個性のほうが面白いと感じるのは私だけでしょうか。

日本人の「調和」を重んずる心も、和菓子の美味しさにつながっています。

例えば、「かるかん饅頭」という菓子は、「かるかん」と餡が調和したものです。鹿児島県の名産（現在は日本中でつくられている）の「かるかん」は、自然薯や薯蕷などの芋と米粉、砂糖だけでつくられるもので、米と芋の香りがほのかに漂う静かな個性を持つ和菓子です。

一方で先ほどから話しているとおり、餡は和菓子にとって、なくてはならない素材です。餡はでんぷん質の食べ物です。本来なら、でんぷんはべたべたして口にまとわりつきます。片栗粉に水を混ぜて熱を加えたような状態を想像すればわかりやすいでしょう。しかし、豆のでんぷん粒はむき出しではなく餡粒子というものにくるまっているため、さらっとした口溶けの良さがあります。このように、繊細に豆の美味しさを引き出している国は、世界中で日本しかありません。漉し餡の繊細さなどは、その最たるものです。勿論、汁粉やあんこ玉のように餡だけで食べることも多い大変個性ある食べ物です。

かるかんだけで素晴らしい。餡だけでも素晴らしい。その二つの素晴らしい個性が調和すると、「かるかん饅頭」という新しい個性ある和菓子が生まれます。

何と何をどのように合わせたら調和するのか。それを見い出す感覚に優れた日本人であればこそ、次々と新しい和菓子の個性と美味しさを生み出してきたと言えますね。

おもに使われる材料

●豆類

和菓子に最も多く使われる材料といえば、餡の原料となる豆類です。中でも「小豆（あずき）」なしでは、和菓子を語ることはできません。小豆という表記は「大豆」との比較で生まれたものと考えられ、専門家の間では「ショウズ」と呼ばれることもあります。

小豆は古くから日本人にとってなくてはならぬ農作物ですが、その生態は意外と研究されていません。それは、小豆を食べる習慣があるのは、中国、台湾、韓国、日本を中心とした、ごく限られた東アジアの一角だけだからのようです。

日本では、小豆は「陽力」のある食べ物とされてきました。陽力とは太陽の光とも関係があるのですが、邪気を祓う力があるということです。それは当然ですね。自然の恵みは全て太陽によってもたらされますし、太陽のない世界は暗黒の世界で、病気も危険も限りなくあるわけですから。その太陽の力を赤色に置き換えているのです。

だから神社の鳥居や紅白饅頭のように、赤という色が邪気を祓う力のある色として崇められていたのです。自然の食べ物で保存性があり赤い色をした小豆が、ハレの日に食べる赤飯などにも使われるようになったのはごく自然なことと言えるでしょう。

ちなみに赤飯は関東から東の地域では、小豆ではなく「大角豆（ささげ）」という赤い豆で炊く風習があります。関東の武家社会では、小豆は煮崩れしやすく皮が割れてしまうので腹を切るといって、切腹という行為と重ねて縁起が悪いとされ、嫌がられていたのです。

「地小豆」という言葉があるように、小豆は全国どこでも栽培が可能ですが、特に有名な産地は丹波や備中、北海道などで、一般に流通している国産の小豆の約九〇％は北海道産です。そして、その北海道産の小豆や、丹波、備中産の小豆、大納言の大半は、和菓子の餡やかの子豆（豆の形を残したまま甘く炊いた豆・鹿の子という和菓子に利用されるのでこの名が付いた）などに加工されています。

全国どこでも栽培できるといっても、やはり産地によって味は違います。小豆はでんぷん質が中心の豆で、一〇〇グラム中約五七グラムがでんぷんです。でんぷんがどのように熟成されたかは、育つ環境に大きく左右されます。日中暑くても夜はすっと涼しくなるというような、昼夜間の温度差がある環境が最適です。

丹波は兵庫県で北海道とは地域が異なりますが、おもに山間部で収穫しますので、山の天候特有の昼夜間の温度差が北海道に似ています。そんなわけで良質の小豆や大納言が栽培できるのです。

白餡にはいんげん豆の仲間がよく利用されますが、その中に「手亡（てぼう）」という種類があります。通常、いんげん豆は蔓を巻くため、支柱の「手助け」が必要です。手亡だけは半蔓性でこの支柱である「手」が必要ないことから、この名前が付けられました。

白餡にはほかに大福豆やふくしろ金時、白小豆などが使われます。青えんどうはうぐいす餡に、赤えんどうは豆大福や、豆かん、あんみつに欠かせない豆です。

●米粉

米を粉にしたものには、実に豊富な種類があります。日本は加工技術が優れていますから、ひと口で粉にするといってもいろいろな加工の方法があるのです。

まず、うるち米ともち米によって、粉の性質は異なります。また、それぞれ生のまま粉にするか、加熱してから粉にするかでも性質が違ってきますし、加熱の方法や粒子の大きさによっても使い分けられています。

うるち米を生のまま粉にしたものには上新粉、上用粉があります。上新粉でつくられた菓子は、しこしこした歯応えがありますが、勿論、その挽き方や粒子の大きさで品質が変わります。上用粉は上新粉に比べて大へんきめが細やかなものです。

もち米を生のまま挽いたものには、似ているけれども微妙に違う白玉粉とぎゅうひ粉があります。もち米に水を加えて加熱し、アルファ化して粉にしたものには、寒梅粉や道明寺粉、上南粉などがあります。

寒梅粉は焼きみじん粉ともいいますが、もち米を水洗いして水に漬け、水切りをして蒸したあとに搗（つ）いて餅をつくり、これを焼いてから粉にしたものです。

道明寺粉はもち米の精白米を水洗いして水に漬け、水切りをして蒸したものを乾燥させてから砕いたものです。これは大阪の道明寺という寺が発祥地で「道明寺糒（ほしい）」として有名でした。乾燥して軽く、持ち運びが便利で水に漬ければ戻して食べられることから、昔の合戦のときなどに兵糧食として使われました。

上南粉は寒梅粉のように餅生地にしたものを、焼かないで細かく粉砕したものです。

これらの米粉はそれぞれの特性を利用して、様々な和菓子に使い分けられています。

うるち米を使った上用粉は薯蕷（上用）饅頭やういろうに、上新粉は柏餅や草餅や団子に使われます。

もち米を使った和菓子には、菱餅（ひしもち）、大福、あんころ餅などがあります。

ぎゅうひ粉はぎゅうひや花びら餅、寒梅粉は打ち菓子などに使われます。

道明寺粉は椿餅や道明寺製の桜餅、夏のみぞれ羹などです。

上南粉は、胡桃と醤油の味がマッチした「ゆべし」という和菓子などに使われます。

このように米粉は様々な生地に使われますが、それ以外にも「黄味時雨」（きみしぐれ）にちょっとつなぎとして混ぜられたり、「桃山」にもほんの少量入っているというように、貴重な働きをする材料です。

●砂糖

砂糖がなければ和菓子はできないといってよいでしょう。砂糖の働きは、ただ甘いだけでなく、ほかの成分と結びついて、様々な役目を果たしています。

砂糖は水を蓄えると離さない保水性や親水性という性質を持っています。つまり、水分の蒸発を防ぎ、品質を保っていつまでも柔らかさを保つことができるのです。また、でんぷんと水とが結びついて起きる老化現象を防ぐことができます。

保水性があるということは、多くの水分が砂糖に取り込まれて自由に動けなくなるということです。このような水を結合水、逆に自由に動き回れる水を自由水と呼び、自由水が多いとカビや菌の発生と繁殖の原因になります。自由水の割合を示す水分活性が〇・九AW（AWは水分活性の単位）以下なら、ほとんどの菌は活動できません。その保水性によって、和菓子は水分活性を低く抑えることができるのです。砂糖は美味しさと柔らかさを保つだけでなく、カビや菌の発生を抑え、腐敗の原因を防ぐ働きをしているのです。

もうひとつ、砂糖には和菓子に微妙な味わいを与える褐変反応という性質があります。

どら焼きの表面はこんがりとした色が付いていますが、あれは焦げているのではありません。あんな色になるほど焦げていたら、焦げ臭くて食べられないはずです。あの色は褐変反応といって、アミノ酸と砂糖が結合したものが過熱されることによって起きるアミノカルボニル反応で、褐色に変化することによって生まれます。フランス人のメイラード博士が発見したことから、メイラード反応とも呼ばれています。

このように重要な役割を果たす砂糖には、様々な種類があります。

一般的に砂糖は、サトウキビや砂糖大根（ビート）を搾って蜜にして、不純物を取り除いて精製度を高めたものです。

砂糖が白いのは漂白をしているのではありません。不純物を取り除いて純粋な結晶だけを取り出した結果、あの白さになるのですが実は、グラニュー糖のひと粒ひと粒は透明なものなんです。その透明なものに光が当たって屈折し白く見えるのです。それほど精製しているということでもありますね。

しかし、ほとんど純粋であるといっても、幾分の不純物は残ります。一般的には結晶が大きいほど純度が高いと言われています。その意味で、氷砂糖が最も純度が高くあっさりした甘さで、次が白ざら糖（鬼ざら糖）、グラニュー糖、上白糖と続きます。

他に、和菓子によく使われる和三盆という砂糖があります。

竹糖という在来種のサトウキビを搾って釜で煮つめて褐色の白下（しろした）というものをつくり、白下を畳一枚くらいの舟に入れ水を加えて練ります。それを布の袋に入れて重しを付けたテコの力を利用して搾ります。水分と一緒にアクや不純物を流していくのです。その袋の中に残ったものにまた、水を加えて練るのですが、これを「研ぐ」と呼びます。そしてこの動作を最低三回は繰り返すことから和三盆と呼ばれるようになったのです。盆とは臼下を研ぐ舟のことです。

和三盆は独特の風味を持ち、キメが細かいので生で食べるととても美味しい砂糖です。その特性を生かして打ちものの落雁、押しものと呼ばれる和菓子などに多く使われますが、最近では最中や羊羹などに少し入れて、和三盆の美味しさを生かしたものもあるようです。

黒砂糖という砂糖も独特の製法でつくられているもので、鹿児島から沖縄あたりの離島などでつくられています。手づくりなのでつくられる場所によって味が微妙に異なります。最近は輸入されているものもありますが、国産のものと味はずいぶん違うと思います。

このように、砂糖にも様々な種類があり、用途に応じて工夫して使い分けなければなりません。

一般的には餡をつくるときは白ざら糖、又はグラニュー糖を使いますが、中にはこだわって、氷砂糖を使う店もあります。これはいったん溶かさなければなりませんから、その分、手間がかかりますが、味にこだわるためには努力を惜しまない見本のようなことですね。

米粉と砂糖について話したところで、よく和菓子の本などに載っている「三大銘菓」と呼ばれる菓子について紹介しておきましょう。三大銘菓とは島根県松江地方の「山川」、金沢の「長生殿（ちょうせいでん）」、新潟県長岡の「越乃雪」の三つを言います。「山川」はしっとりと水分を含み、ぱきっとではなくぎざぎざと割れるようなしっとりした柔らかさがあります。「長正殿」は打ちものと呼ばれる菓子の一種で、叩けばかちかちと音がするほど硬く、しかし、口の中ではすっと溶けます。「越乃雪」は、手で触るとはらはらと崩れるような優しいお菓子です。

三大銘菓というと、これらが特別美味しいから名付けられたと思う人が多いかもしれませんがそれは間違いだというのが私の解釈です。勿論それぞれに美味しい和菓子ではありますが、決して味だけで選ばれて三大銘菓といわれているわけではないはずです。

実は、この三つの和菓子はどれも米粉と砂糖だけでつくられているのです。それにもかかわらず、大きく異なる特徴を持つことから、その特徴を代表する意味で、いつしか「三大銘菓」の名が付いたものだと思います。

機会があったら食べ比べてみてください。同じ米粉と砂糖という材料だけでこんなに違う和菓子ができるのかと、それぞれの個性を実感できることでしょう。

和菓子はこうしてつくられる

●煉り切り
煉り切りは「餡」を丸めてつくる、と言うと、家庭でも簡単にできるのでは、とお考えになるかもしれません。しかし、餡だけでは伸ばしたり、ひねったりという細工はできません。かといって、ただまとまればよいのではなく、食べたときにすーっと消えるような口溶けの良さも必要です。

煉り切りの餡は、「つなぎ」になる素材を煉り混ぜてつくられます。煉り切り餡には大きく分けて「薯蕷つなぎ」と「ぎゅうひつなぎ」の二つのつくり方があります。

薯蕷というのは芋のことです。代表的な芋はつくね芋という、ちょっと大きな手まりくらいの大きさのごつごつとした丸い芋です。丹波や西尾、金沢などが有名な産地で、非常にこしが強く芋独特の風味がありながら、アクが少ない良質の芋です。高価なものですから、一般の家庭ですりおろしてご飯にかけて食べるようなことはないでしょうが、一度試されるととても美味しい芋であることがわかります。

八百屋で売られている大和芋も、手芋と呼んで薯蕷つなぎに使われます。長芋は粒子が粗く粘りが少ないので使えません。

つくね芋や大和芋は、まず、皮をむいて同じ大きさに切り揃え、完全に火が通るまで蒸します。そして、熱いうちに目の細かいふるいで裏漉します。ふるいで漉した芋を、硬く絞った布巾にとって、もんでまとめます。それを細かく分けて熱をとって、また集めて裏漉してまたもむということを三回程度繰り返します。

口溶けがよくなるようにていねいに裏漉してもみまとめる作業を繰り返すと、もむほどに空気が入り、芋はどんどん白さを増して、最後には真っ白な状態になります。

これを白餡に加えたのが、薯蕷つなぎの煉り切り餡です。

この煉り切り餡は、餡に薯蕷が加わるのでほのかに芋の香りが加わってなんとも言えぬ味わいを生みます。

同じ薯蕷つなぎでも、芋の味や香りを強く出す方法があります。

これは、餡に目の細かいおろし金ですりおろしたつくね芋や山芋を生のまま混ぜてつくります。いきなりすり芋を加えるときれいに混ざりませんので、煉っている途中の餡を芋の倍くらいの量だけ取り出してすり芋に良く混ぜます。そして、餡と芋を均一に馴染ませてから、餡に混ぜ戻すという方法をとります。

こうしてできた煉り切り餡は、芋の味が濃く出ます。職人の考え方や好みでどちらかの方法が用いられますので、それがそのままその店の味になります。

いずれの場合も手間をかけることによって質の高い餡に仕上がることに違いありません。

「ぎゅうひつなぎ」は、粉の量の倍の砂糖が入った「倍割りぎゅうひ」というぎゅうひを白餡に入れて煉ります。餡とぎゅうひを完全に一体化させると、ぎゅうひがつなぎになって、細工することができる餡ができます。

このように薯蕷つなぎやぎゅうひつなぎでつくった餡で、季節の花などの形に細工した、繊細な煉り切りがつくられます。

●きんとん

きんとんは餡をふるいで漉してそぼろ状に細く押し出してつくりますから、餡のま

とまりと保水性を高めるために寒天を少々加えます。
きんとんとひと口に言っても、非常に柔らかいものから結構硬いものまで千差万別です。中にはみずみずしさを保つために何時間後までに食べてください、と指定して売るような店もあります。一方で、二～三日後でも食べられるつくり方もあります。
いつ食べるのかを、非常に重視している和菓子屋がときにはあります。つい最近のことですが私がある小さな店を訪れて手土産を買おうとしたときに、「いつ召し上がるのですか」と聞かれて、「明日」と答えたところ、「それではお売りできません」と言われて押し問答になりました。別に「明日でも食べられない」ことはないけれども、今日、食べないと美味しくないから売りたくない、と言うのです。
そう言われても、明日は来られないから今日来ているのだし、私はその道の人間だからわかっていると言いたかったのですが、

「明日食べるのなら、こっちをお持ちください」と、違う菓子を薦めるのです。いうなれば、頑固な考え方の、ちょっと変わった和菓子屋なのかもしれません。しかし、違う菓子を薦められたときに、なるほど、明日も美味しいこちらの菓子のほうが先様にも喜ばれるだろうと思いましたし、これほどまでに自分のつくったものにこだわるのかと大いに感心させられました。

なかには、「売らない」と言われて怒って帰る人もいるかもしれません。しかし、和菓子の仕事をする人間としては、このようにこだわりのある店が今の世の中にあることを、非常に嬉しく感じました。

●こなし

京都など関西地方では、煉り切り餡にかえて「こなし」という餡が使われます。小豆餡や白餡に砂糖を加えて煉ったものに、餅粉や小麦粉を混ぜて、せいろで蒸します。これをよくもんで粗熱をとって冷ましたものを、「こなし」と呼びます。煉り切りが芋やぎゅうひを入れてつなぐのに対し、「こなし」は餡に米粉や小麦粉を入れてもう一回蒸すので、しっかりとした餡になります。

「こなし」は関西でよく使われる細工菓子用の餡です。しかし、関東でも、「こなし」を使っている店がありますし、逆に関西でも関東のような煉り切り餡で細工をしている店もあります。

どちらを使うかは店の哲学と言えましょう。店頭で煉り切りかこなしかを聞いてみると、その店のこだわりが見えてくるかもしれません。

●雪平

お正月の鶴の形をした和菓子などによく使われる、羽二重のように真っ白な生地は「雪平（せっぺい）」というものです。

ぎゅうひに鶏卵の白身と白餡を加えて煉ったものです。卵白を手早く混ぜて白さを出しますが、卵白のふわっと浮く力をどの程度抑えるかが職人の腕の見せどころです。

でき上がりはぎゅうひと似ていますが、餡を包んだ細工物の和菓子に使います。上生菓子の「丹頂」や「玉椿」など、白い生地には雪平が使われていることが多くありますので、和菓子屋で白い生地の和菓子を見かけたら「これは雪平ですか」と聞いてみるとよいでしょう。「この方はただものではない」「どこかの和菓子屋の奥さんかしら」などと思われるかもしれません。

●黄味時雨

黄味時雨は皆さんもよくご存知の和菓子です。ゆでた黄味の香りが漂う、表面がひび割れたような和菓子です。

黄味餡に加える鶏卵の黄身は、固く茹でた卵から取り出し、熱いうちに目の細かいふるいで裏漉してもむ作業を何度も繰り返します。これを白餡に加え、むらにならないように何度もよくもんで、再び裏漉してよくもみます。

このとき、黄身をいかにきっちり始末したか、そして白餡に対してどれくらいの割合で入れるかが、黄味餡のでき具合を大きく左右します。

白餡二〇〇グラムに黄身を一個入れる場合と、一五〇グラムに一個、あるいは三〇〇グラムに一個入れる場合とでは、当然、味は全く異なります。黄身が多ければ良いというものではありません。あまり多いと黄身の生臭さを感じることもあります。あくまでも、餡と調和した割合が大切です。

こうしてできた黄味餡で餡を包み、せいろに入れて蒸すのですが、このときの火の入れ加減で、黄味餡の割れ目の入り具合は変わってきます。自然にできる模様ですから、職人が直接手を加えることはできません。ひとつひとつの仕事の丁寧さ、経験に裏打ちされた勘の働かせ具合が、美しく繊細な割れ目の入った黄味時雨をつくります。

●素甘と州浜

「『すあま』ってどんなお菓子？」「『すはま』とは違うの？」といった若いお嬢さんからの電子メールが、ある時期、殺到したことがあります。

なにごとかと驚いたのですが、やがて「たれパンダ」というキャラクターの好物が素甘だということを知りました。パンダの姿をした架空の生き物に、どうして好きな食べ物があるのか私には理解しかねるところです。しかし、そんなことはおかまいなしに、お嬢さん方は大真面目でせっせとメールを送ってきます。

素甘は古くからある餅菓子で、代表的な朝生菓子のひとつです。上新粉と砂糖を混ぜたものを蒸しては搗くを繰り返してつくり、すだれで棒状に巻いて形を整え切り揃えます。色はうすい桜色が一般的で、砂糖の保水性が生かされてもっちりと柔らかく、ほんのりした甘さが美味しい和菓子です。

音の響きが似ているだけで今の若い人は同じ和菓子だと思うのかもしれませんが、州浜（すはま）は素甘とは材料もつくり方も全く異なります。

州浜は「きなこ」に砂糖とぎゅうひなどを加えて練り合わせたもので、きなこの色によってうぐいす色や茶色に仕上がります。色違いを小さく丸めて花見団子風にしたり、時節によってはそら豆の形やわらび風に仕立てたものもあります。

素甘と州浜がそれぞれどのような和菓子か、どう違うのか、突然メールが飛んできて、忙しいときに素早く返事を出さなければお嬢さん方に叱られる。なんとも困った世の中になったものです。

しかしながら、「たれパンダ」のおかげで、若い世代の人が素甘や州浜を食べてみようかと、和菓子に興味を持ってくれるなら、それもよいかと優しい気持ちになれます。日本の食文化に少しでもふれてもらう機会になればと、相次ぐ問い合わせのメールにせっせと返事をするよう自分に言い聞かせています。

●ぎゅうひ

「ぎゅうひ」の名前の由来は「牛皮」にあります。ご存知の人もあるかもしれませんが、牛の皮はなんともいえず柔らかで、なめらかな肌触りがするものです。そのことから名付けられたのですが、菓子の名前に牛の皮はどうにもそぐわないと考える店では「求肥」とか「球肥」などと表記することもあります。

白玉粉や羽二重粉などの上質の餅粉に砂糖と水を加えて加熱して煉ると、砂糖の保水性が最大限に生かされて、柔らかい餅ができます。それが牛皮です。

牛皮を使った和菓子は世の中にあふれるほどあります。勿論、餡を包んだ牛皮の和菓子というのもありますし、牛皮そのものが和菓子として売られてもいます。それだけでなく、煉り切り餡のつなぎや、最中の餡に角切りにして入れるなど幅広く使われており、牛皮は和菓子を代表するもののひとつと言えるでしょう。

●羊羹と蒸し羊羹

餡に小麦粉などを混ぜて蒸したのが蒸し羊羹です。その中に栗を入れれば栗蒸し羊羹、甘く炊いたかの子豆を入れれば豆蒸し羊羹になります。

粉の割合や餡の出来不出来によって、味は千差万別になります。栗も「蜜漬けの栗」を使うか穫れたての新栗を使うかで味は大きく異なると言えます。

蒸し羊羹は羊の肉を入れた羹（あつもの＝汁もののこと）が原型だという話は第二章でしました。羊の肉に似せて粉でつくっていたものが、汁の中から外に出て菓子として食べられるようになったのです。当初は砂糖が多少入ってはいたものの塩味で、四角く切ったり丸い形の蒸し羊羹が食べられていました。

羊羹は蒸し羊羹から発展したものですが、誰によって考えられたかは諸説ありますのでここではあえてふれません。ただ、江戸中期に誰かが蒸し羊羹に寒天を加えて、羊羹が誕生したことだけは間違いありません。

寒天の前身ともいえる「ところ天」は平安時代から食べられていました。その「ところ天」から寒天が生まれました。

徳川四代将軍家綱公の時代の冬、参勤交代の途中にあった薩摩藩主島津公が京都伏見の美濃屋太郎左衛門方に宿をとりました。その折に美濃屋の料理の中にところ天料理があったのですが、使い残したものを外に出して置いたところ、寒さ厳しき頃で、夜中にところ天が凍ってしまい、日中になると日ざしを受けて溶け、それを繰り返したことから、水分が抜けて干物のような状態になりました。それを水と共に煮たところ干物が溶けてところ天状になりましたが、凍る、溶ける、水が流れるを繰り返したことで精製作用がおきて、海藻の匂いのしないものになったのです。

その寒天が商品化され、羊羹に利用されたものが練羊羹の始まりです。

砂糖の保水性に加え、寒天の保水性がつなぎの役目を果たすことになって、蒸し羊羹に入れられていた小麦粉などは羊羹には必要がなくなりました。粉を入れないことで、全く違う味の羊羹として生まれ変わったのです。

勿論、蒸し羊羹には蒸し羊羹の美味しさがありますから現在もたくさんつくられています。しかし寒天によって、蒸し羊羹と異なる美味しさが誕生したのはとても大きな意味のあることです。

同時に、餡も新しい使い方ができるようになりました。それまで餡だけでは柔らかくてまとまりにくかったものが、寒天でつなぐことによって、様々な細工ができるようになったのです。

羊羹に寒天を加えるという行為は、その後の和菓子の発展に大きく貢献したと言えるほどの偉大な発明です。

蒸し羊羹が当然のように食べられていた時代に、はじめて寒天を加えてみようと考えた先人の勇気といいますか、創造性の素晴らしさには、どれほど感心しても足りない思いがします。きっと最初は寒天の量が多すぎたり、少なすぎたりと失敗を繰り返したことでしょう。それを根気よく試行錯誤を繰り返して、ほど良い量を見つけだしたのです。

●調布とどら焼き

似ているけれど全く違う和菓子に、「調布」と「どら焼き」があげられます。

調布と呼ばれる和菓子は、中花種《ちゅうかだね》といって卵と砂糖、小麦粉を混ぜたものを薄く焼いて布を調えるように、ぎゅうひを包み込んでつくる和菓子ですが、意外に馴染みがないかもしれません。そうですね・・・、五月頃店先に並ぶ、鮎をかたどった和菓子と言えばおわかりでしょうか。あの生地を中花種と呼びます。

一見、どら焼きの生地に似ていますが、大きな違いがあります。どら焼きにはいわゆる「膨張剤」が入っているのです。ふっくらと膨れますが、気泡が入るため、細工をしたり折りたたんだりしようとすると、すぐに割れてしまいます。いくら薄く焼いても、折り目が裂けてしまうのです。

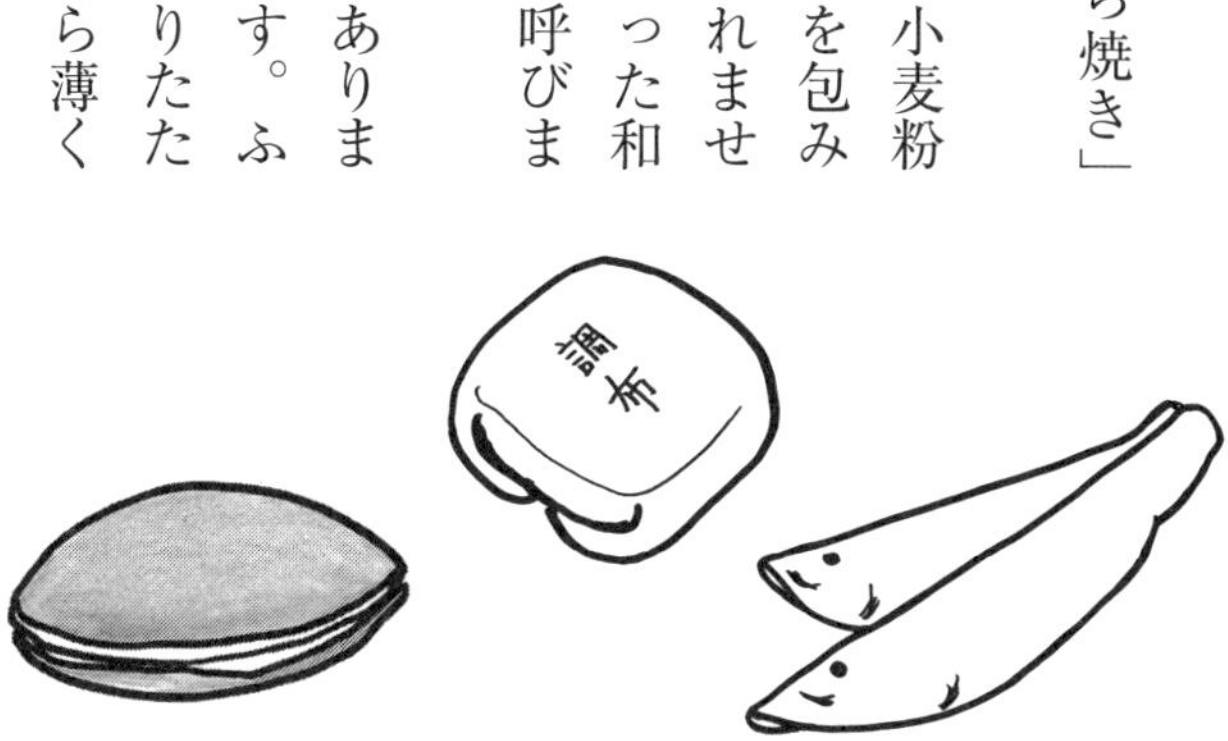

一方、中花種には膨張剤はいっさい入っていませんので、熱いうちならば折りたたんだり、自由に細工をすることができるのです。

同じように見える和菓子でも、ちょっとした違いで、全く異なる性質を持つことがわかります。

それぞれの材料の特徴を生かした和菓子のつくり方は、歴史の中で育てられたという重みがあると言えるでしょう。

私も以前、蕎麦粉を利用して新しい和菓子がつくれないかと考えたことがあります。蕎麦の風味が大好きだったものですから、蕎麦粉をクレープのように薄く焼いて、餡をくるんだ菓子ができないかと考え試してみました。とても良い塩梅（あんばい）で、できたてを食べて「美味い！」と自画自賛したのですが、蕎麦のでんぷんはすぐに硬くなる性質があり、柔らかさは三〇分ともちません。柔らかくするために白玉粉などを混ぜると、蕎麦の風味がどんどん薄まってしまうので、わざわざ蕎麦粉を使う意味がありません。

そうですよね。この程度の思いつきで新しい感覚の蕎麦の和菓子が生まれるとしたら、もっと以前に優れた先人たちがきっと立派な商品にしていたはずです。新商品を生み出すということはそんなに簡単なことではありません。

和菓子を創作するのがどんなに難しいか、和菓子に携わる人なら、誰もがよく知っています。

和菓子に限らず、今の世の中はなにかというと新商品を開発しようとします。まるで新商品を開発することそのものが目的化している感があります。しかし、本当に良い新商品はおいそれとはできませんし、もし、できたとしても一過性で短命なものが多いという現実があります。新製品を考えることは勿論大切ですが、まず、現在ある商品の質を高めるということが最も大切なのではないかと思いますね。

そうした困難がある中で先人たちは次々と新しい和菓子を生み出して、驚くほど多くの種類の、しかも長い歴史を生き続けている和菓子を誕生させてきたのです。

●柏餅

柏餅は単純で素朴な和菓子と思われるかもしれませんが、実は大変手間がかかる和菓子です。

上新粉と水をこねて、せいろで三〇分ほど蒸し、蒸し上がったら、臼に入れて搗きます。そして、搗いた餅をまだ熱いうちに水に漬けて熱をとります。そのまま自然に冷ますと、表面がこわばって硬くなってしまうからです。
そして冷めたものをもう一度搗きます。熱いままで搗き続けると、こしが抜けて餅独得の弾力性というか、歯応えが消えてしまうのです。そして搗いたものをちぎって丸め小判形にして餡を包み、それから再びせいろに入れて蒸してから風を送って乾かします。風を送って乾かすと、餅がくっつきにくくなるのです。

最後に柏の葉で包んでようやく完成するのですが、これだけ手間がかかって、あの価格で売っているというのは、信じられない思いです。

それにしても自然に冷ますのではなく、水に漬けて熱をとると表面がこわばらないとか、冷ましてから搗くと餅の弾力性が維持できるなどということを、いったい、誰が気がついたのでしょうか。再びせいろで蒸して熱を通すのは、衛生的にも理にかなった方法です。

少々手前味噌で恐縮ですが、柏餅を知るということだけでも先人たちの知恵というか、歴史の持つすごみを感じますね。

第五章
和菓子の由来

栗が入っていなくても栗饅頭

和菓子はひとつひとつに菓銘を持つと言いましたが、その由来をひもとくと、その菓子の生まれた時代背景や人々の暮らしぶり、地方の特色など、実に多くの興味深いことが浮かび上がってきます。

栗饅頭という和菓子のことを考えてみましょう。

「最近の栗饅頭には栗が入っている」と言うと、当然だと思われますよね。しかし、ひと昔前までは栗が入っていないのが普通でした。小判型をした焼き菓子で、白餡だけしか入っていなかったのです。

栗が入っている栗饅頭が一般的になると、昔ながらの栗饅頭を食べた人からは「どうして栗が入っていないのに栗饅頭というのか」と、苦情があるかもしれません。

これは、日本の伝統的な言葉使いのひとつというか、ある意味でおおらかで洒落たセンスを持っていたということのように思えます。栗に負けないくらい美味しいことを表現する工夫が、このような名前を生んだに違いありません。「九里（栗）四里

（より）美味い十三里」という言葉があります。さつまいもの産地として知られる川越が江戸から十三里の距離にあるということもあって、焼芋のことを十三里と洒落たのです。そう考えてみると、焼色の付いた表面の色が栗に似ているということから名付けられたのかとも思えますね。

こう説明して、屁理屈を言うなと叱られたときには「たぬき蕎麦にはたぬきの肉が入っていないではないですか」と、反論することにしています。きつねうどんはきつねの好物が油揚げだから、と言われれば少しは理屈が通っているように思いますが、それでもやはり、きつねの肉は入っていません。

繰り返しになってしまいますが、日本人は昔から諧謔的（かいぎゃくてき）にものごとを面白く表現するセンスに優れていたように思います。

●おはぎとぼた餅

栗饅頭と同じように、ものごとのいわれを考えたくなる和菓子が「おはぎ」と「ぼた餅」です。

おはぎは「萩の餅」、「萩の花」と呼ばれていたものを、女房言葉といって、女性らしく「おはぎ」と呼びかえた名前だと言われています。粒餡の小豆の皮が点々と散った様子が、小さな萩の花が咲き乱れる様子に似ているからと名付けられました。

ご飯をすりつぶしてつくる「搔い餅」の流れをくむもので、江戸時代には「隣知らず」と呼ばれていたこともあります。これは餅と呼ばれるのに臼で搗かずにつくるため、「ぺったんぺったん」という音がせず、隣に住んでいる人が気づかない間にでき上がっているということから名付けられました。他に「北窓」（月が出ない↓搗かない）「夜舟」（夜は舟が着かない↓搗かない）などの異名も」あります。この名前ひとつをとっても、江戸時代の人の洒落心を感じることができます。

こうした異名を季節によって呼び名が変わるなどということを耳にしたことがありますが、まったく根拠のない誤りで、餅というのに搗かないということを洒落た表現です。

さて、「春はぼた餅、秋はおはぎ」という言葉がありますが、ぼた餅とおはぎはどのように違うのでしょうか。実は、同じ和菓子を、春に食べるものをぼた餅、秋に食べるものをおはぎと呼び分けているのです。

春は牡丹、秋は萩の季節だからそれに合わせて呼び方を変える、というのが一般的な解釈です。しかし、粒餡の小豆の皮が散った様子が萩の花に似ているからおはぎというのは納得できますが、あの姿が牡丹の花に似ているとはどうしても思えません。牡丹の花は冬にも咲きますが、多くは四月下旬から五月に咲く花であり、春彼岸の頃とは少々季節も合わないように思えます。もうひとつ加えるなら春に咲く萩の花もあるのです。

しかも、わざわざ呼び方を変える必要性がありません。なぜなら、おはぎが店で売られるようになったのは最近のことで、どちらかといえば家庭でつくる食べ物でした。小豆という邪気を祓うハレの日の材料を使ってつくる、ご先祖さまへのお供えだったのです。そして、ご先祖に捧げたものを、自分たちも食べ、隣近所にもおすそ分けをしていました。

家の中でつくって食べる食べ物を、わざわざ季節によって呼び分けるでしょうか。おはぎという名前に対比して、春は牡丹の季節だから、という短絡的な理由で名前を付け変えるとは、どうしても納得できないのです。

私の勝手な解釈かもしれませんが、ぼた餅の「ぼた」は、花の牡丹ではなく、仏教の「仏陀」などの言葉の響きから生まれて、それが年月のたつうちに変化して言われるようになったのではないか、と考えています。日蓮宗のお寺には、「ご難のぼた餅」

といって、難を避けるために食べるぼた餅というのがあります。当時は仏教に関する言葉が日常的に大切にされていましたから、小豆でつくったおはぎに宗教的な名前が付けられてもおかしくありません。

春のぼた餅という言葉がなぜ誕生したのか、あれこれ考えながら食べるのは、少々理屈っぽくて骨は折れますがなかなか面白いのではないでしょうか。もし、こういう理由ではないか、というご意見がありましたら、ぜひ、教えてもらいたいものです。

●桜餅と道明寺

春の和菓子を代表する桜餅は、関東と関西で餡を包む生地が異なることをご存知ですか。

まず、関東の桜餅は平鍋で水に溶いた小麦粉を薄く焼いた生地に餡を包みます。昔は小麦粉だけでしたが、今は白玉粉なども少し混ぜて焼く店が多いようです。

塩漬けした桜の葉で餅を包むというアイデアは、江戸時代、向島にある長命寺の門番をしていた新六という人によるものです。長命寺は今も東京向島に残る小さなお寺で、三代将軍家光公が鷹狩の際に腹痛をもよおしたので、寺に立ち寄り、その井戸水を飲んだところ痛みが消えたことから「命を長らえる水だ」として、長命水と名付け

よといわれたことから寺の名も長命寺と呼ぶようになったといわれます。

その門番の新六さんは、桜の季節になると川沿いの桜並木の葉っぱの掃除に苦労していました。大量に落ちる葉がもったいない、なんとか利用できないものかと、最初に考えたのは醤油漬けにした桜の葉です。ところがこれはさっぱり売れず、享保二年（一七一七年）の頃、塩漬けにした桜の葉で餅を巻いたところ、予想を超える評判をよんだといいます。

桜の葉に含まれているクマリンという芳香成分が、葉を塩漬けすることにより引きだされて、あの独特の香りを生みだしたのです。

この桜餅が、最近では「焼き皮の桜餅」とか「関東風」といって関西でも売られています。しかし、関西で桜餅と言えば、道明寺粉を蒸して砂糖を加えた種で餡を包んだものです。

道明寺粉は、菅原道真公が手づから刻まれた十一面観世音菩薩像を本尊とする大阪の道明寺が道明寺糒（ほしい）としてつくったものです。

道明寺糒とは、糯米を二日間ほど水に漬けて蒸した後に乾燥させたもので、菅原道真公の叔母にあたる覚寿尼が創製したといわれています。戦国時代には軽くて水に漬けると食べられることから兵糧として用いられていたものでもあります。

この道明寺粉を関西でいち早く菓子に取り入れたのは、素晴らしいアイデアですし、地域の素材を使った、まさに日本独特の地域文化だと言っても良いでしょう。

道明寺粉を使った和菓子には椿餅などもありますが、こちらは平安時代から作られていたこと文献により明らかになっています。

さて、桜餅が関東と関西で異なるとなると、どちらが先かを知りたくなるのが人情かも知れませんが、塩漬けした桜の葉で包むという発想は向島の新六さんが最初ですから、その点では、関西より関東の発祥が古いことになります。

このような話をするとマスコミでは、どの地点が関東風と関西風の境界線か、などということを調べたがるものです。私のところにも始終問い合わせがあります。

しかし、どこまでが平鍋で焼いた焼皮で、どこからが道明寺粉か、右と左を分ける必要はないのではないでしょうか。どちらの良さも受け入れて、「なるほどそうか、それなら関西に旅行に行ったときに道明寺に足を延ばしてみよう」というぐらいの広い心を持って、関東、関西、両方の桜餅を愉しむほうが良いと思います。

●柏餅

柏の木は新芽が出ないと古い葉が落ちません。このため、子孫がなければ家が途絶えるという武家社会の時代において、子孫繁栄を象徴する木として喜ばれました。端午の節句に柏餅を食べる風習が根づいたのはこの縁起の良さのほか、餅で餡を包むときの手つきが、拍手を打つ動作に似てめでたい、という意味もあったようです。

武家社会ゆえに江戸では柏の葉へのこだわりが強かったようですが、関西では柏の葉が小さくて餅を包めないことから、柏に似た山帰来（さんきらい）という葉で餅を包んで柏餅をつくっています。この山帰来は地域によって呼び名が異なる、日本でも有数の別称の多い木と聞きました。埼玉県の「牡丹餅花」、千葉県の「まんじゅっぱ」など、全国で二五〇種類ぐらいの名前があるそうです。

柏餅のように食べ物を大きな葉で包むのは日本だけの文化ではありません。例えば、熱帯ではバナナ、ギリシャではぶどうの葉で食べ物を包みます。日本でも、柿や蕗の葉で寿司を包んだり、菓子も柏以外に笹や葦（よし）、まこもなどの葉で包む文化があります。

葉が大きくて食器の代わりになったり、薬効があって虫が付きにくいというのも、食べ物を包み始めた理由でしょう。日本人はとかく縁起を大切にする民族ですが、保存性とか衛生面などの理由も少なからずあったと考えられます。

●ちまき

ちまきは中国から伝わったものですが、面白い伝説があります。

紀元前四世紀頃、楚の国の王族の屈原（くつげん）という人が、いくら良い意見を進言しても聞き入れてくれない王様に絶望して、洞庭湖畔の汨羅（べきら）に身を投げて死にました。

屈原の死を悲しんだ家族や村人たちは、毎年、屈原が死んだ五月五日になると、供物を湖に捧げていたといいます。

ところがある日、村人の夢に屈原が現れ、湖には悪龍が棲みついていて、せっかくの供物を全て横取りされ、自分の口には全く入ってこないと告げます。そこで、村人

たちは供物の菓子を葦の葉で巻いて牛の角のような尖った形にして、悪龍が食べないように工夫をして捧げるようになったといいます。

その昔、ちまきを「角黍」と書いたのも、この言い伝えを聞くとなるほどと思います。ちなみに茅（ちがや）の葉で巻いたから「ちまき」だという説がありますが、実際は茅の葉は小さくてちまきを巻くことはできません。

しかし、本当にこの伝説から日本で屈原の命日である五月五日にちまきを食べる習慣が広まったのかというと、そうではないようです。

確かに日本に古くから伝わるちまきは牛の角のような形をしていますが、全国には同じように古くから三角形を四面体にしたダイヤモンド型や俵形、また、三角形のちまきがあります。竹の皮にもち米の菓子を包んだ鹿児島の「あくまき」も、ちまきの一種です。

さらに、中国のちまきの中には豚の脂身、干し貝、干しエビなどが入っていますが、日本のちまきは米、餅　ぎゅうひ、葛など純粋な農産物だけでつくられています。

これらを考え合わせると、大切な穀物でつくったちまきをハレの日に神聖なものとして食べる習慣が、全国の様々な地域で同時発生的に始まっていたと考えることが正しいようです。それが、たまたま屈原の伝説や端午の節供と結びついて、五月五日に食べるようになったと考えるのが妥当なようです。

●団子

餅と並んで団子も粉食文化が始まったときに誕生した古くから伝わる菓子です。どんぐりやならの実、くぬぎの実などはアクがあるため、粉にして水にさらし、アクを除いてから粥状や団子にして食べるようになったのです。

このような火を使わない団子は当初、粢（しとぎ）と呼ばれていました。団子と呼ばれるようになったのは、唐菓子の団喜から転じたという説や、中国の団子（トゥアンズ）という餡入り団子説、団は丸いという意味だから丸い小さなもので団子というなど、様々な説があります。

残念ながら、どの説が正しいかという検証はできませんが、日本中のあちこちに驚くほどいろんな種類の団子があることだ

けは確かです。

　みたらし団子、藤団子など、小さな団子が串にたくさんさしてあるものもあれば、ひとつで大きな団子もあります。きび団子も岡山のものもあれば愛知のものもある。追分団子、よもぎ団子、州浜団子、坊ちゃん団子、蕎麦団子、いときり団子と、思いつくだけでもきりがありません。

　これらの多種多様な団子が、まだ日本が統一されておらず戦をしていて人の行き来の少ない頃から、各地で自然発生的に誕生したのは、先ほどちまきの項でふれたことと同じ現象です。どこが元祖というのではなく、いたる所に元祖があるのが真実でしょう。

　それぞれの地域のお国ぶりがよく表れた団子を、地域の歴史と共に食べることも愉しいものです。

●金鍔

金鍔（きんつば）というと薄い皮に餡が包まれた四角い和菓

子を思い浮かべる人が多いでしょうが、実は違います。本当は刀の鍔のように丸い形をしているものです。

ごく少量の薄い水溶きの小麦粉で粒餡を包んで丸くまるめて、ごま油をひいた平鍋という銅板で、上から指で押さえるようにして焼くのです。すると、刀の鍔のような形の円形に焼き上がります。現在でもこの丸い金鍔をつくり続けている老舗もあります。

この金鍔、当初は金ではなく、「銀鍔」の名で、大阪で売られていたといいます。ところが一六〇〇年代後半、五代将軍綱吉の頃江戸に伝わり、売られるようになったところ、「江戸は銀より上の金だ」ということで、「金鍔」という名前に変わったのです。

現在よく見かける四角い形の金鍔は、餡に寒天を加えて型に流し入れて固め、四角く切ります。そして、それぞれの面に小麦粉や白玉粉の水溶きしたものを付けては焼き、付けては焼きを繰り返します。表面の六面を焼くので、「六方焼き」とも呼ばれています。

「本当の金鍔は餡だけでつくるのだ」いや、「寒天を入れるから食べやすいのだ」などという論争は意味がありませんが、本来金鍔とはそういうものだと知った上で金鍔の味を楽しめばよいと思いますね。

面白いことに、「銀鍔」の発祥の地である大阪でも、銀鍔ではなく金鍔と呼ばれるようになりました。大阪にも金鍔の老舗はたくさんあります。

大阪や東京だけでなく、全国各地にも金鍔と呼ばれる和菓子があり、ある地方では皮が小麦粉ではなく、調布や焼鮎に使われる中花種を使っているところもあります。「金鍔」という和菓子があることを人づてに聞いて、見よう見まねでつくってみたり、自然発生したものが金鍔として生き残っているということでしょう。

●甘納豆

甘納豆は、江戸時代後期に江戸で創作された和菓子です。

当時、静岡県の浜松に「浜名納豆」と呼ばれる、酒のつまみやご飯のお供になるような有名な食べ物がありました。この名前をもじって、「甘名納糖」という名前で、大角豆（ささげ）を使った甘い納豆をつくったのが始まりです。

そのうちに「あまな納豆」が「甘納豆」と呼ばれるようになり、やがて大角豆から大納言にかえてつくられるようになりました。現在では、ほかの豆類や栗、芋を使うなど、甘納豆は大きな広がりを見せています。さらに、蜜漬けのかの子豆のように、表面がつるつるして砂糖が乾燥していない状態の甘納豆など、しっとりとした食感のものも全国に広がるようになりました。

甘納豆ひとつとってみても、和菓子が発祥から名前もつくり方も大きな変遷を辿っているる食べ物だということがわかりますね。

●羊羹

羊羹とひと口にいっても、「本煉り」「小倉」「栗」などの代表的なもののほかに、全国各地に様々な種類があり、それぞれに由来や歴史があります。

例えば、北海道には特産の昆布を生かした「昆布羊羹」、佐賀県には桜色の「小城羊羹」、愛知県には尾張の殿様に献上したことから名付けられた、蒸し羊羹の一種のとても柔らかい「上り羊羹」といったように各地にあります。

そのほか、小豆餡と白餡を加えた「半小豆羊羹」、柿の風味を生かした「柿羊羹」、塩味のきいた「塩羊羹」、あるいはその地域の名産品を使ったり、名所旧跡や歴史ある古木の名前を菓銘にしたもの、色を似せたものなど、実に個性あふれるその土地の羊羹が各地でつくられているのです。

買うときや食べるときに、由来を聞くと楽しいですよ。どうしてこの名前が付いたのか、いつ頃からつくられているのか、どのような特徴があるのか。そんな会話をひとつの味わいにすることによりいっそう興味も湧いてきます。

菓銘の由来となった寺や神社などを訪ねてみるのも面白いものです。大人五人が手をつなぎ合わせても届かないほど太い、千年も歴史を刻んだような古木があったりして、なるほどこの羊羹はこの木をイメージしてつくられたのだ、とわかるのも一興でしょう。

●饅頭

中国から日本に伝来した饅頭には二種類あり、それぞれ別のルートで入って来たといわれています。ひとつは小麦の饅頭で、もうひとつは酒饅頭です。饅頭の中に小豆などの餡を入れるようになったのは、日本へ伝わってからのことです。

小麦の饅頭の由来は、三国志で有名な諸葛亮孔明が蜀の国の丞相だった頃にさかのぼります。孔明が蛮国を滅ぼしての帰路、濾川という大きな川を渡ろうとしたところ、川の神にいけにえを捧げなければ川を渡れないことを知りました。それまではたくさんの人の首を切って捧げることが当たり前のように行われていたのです。しかし、孔明は野蛮な行為を避けようと、小麦粉でつくった皮の中に羊の肉などを詰めて人の頭のように大きなものをつくって、いけにえの代わりに捧げて無事に川を渡ることに成功しました。

この伝説から、小麦粉でつくった皮に肉類を詰めたものを蛮国の「蛮」に「頭」と書いて、「バントウ」と呼ぶようになり、やがて「饅頭」と書いて「マントウ」、それが変じて「まんじゅう」と呼ばれるようになったのです。

日本へ伝わった饅頭は、日本では肉を食べる習慣がなかったことから、現在のように餡類を入れるようになったのです。一方、酒饅頭は、麹の力で饅頭の皮をふっくらと仕上げるもので、饅頭の名の由来は同じですが、根本的に味の違う饅頭です。

●ういろう

「外郎」(ういろう)という変わった名前は、「透頂香」(とうちんこう)という薬に関係して名づけられたようです。

鎌倉時代の頃、中国で礼部員外郎(れいぶのいんういろう)と呼ばれる役職にあった陳宗敬(ちんそうき)という人が、日本に来て透頂香という薬を広めるのですが、「外郎」という役職にあった人が伝えた薬であったことから、「外郎」といわれるようになりました。

その陳さんは、やがて改名して陳外郎と名乗るのですが、菓子の外郎は、その陳さんがお客様をもてなすためにつくった菓子にはじまるといわれています。

「和漢三才図絵」（一七一三）には「外郎は相州小田原の人名にて、透頂香丸め製し売る名鳴る、竜呼薬名なり、黒色香美にて、此餅色は稍似たるを以て名す」と記されており、透頂香という薬と外郎という菓子が似ていたことにより名づけられたものであることがわかります。どうやら、役職の名と薬の名、その薬を広めた人の名が混然となって「外郎」という名の菓子が生まれたようです。

歌舞伎の演目のひとつに「外郎売」というものがあり、享保三年（一七一八年）に江戸の森田座で二代目団十郎によって演じられたということですが、ここでも「透頂香」の名を帝より賜わるというセリフがあります。又、このセリフは俳優やアナウンサーの発声練習や滑舌の練習によく使われると聞きます。

以前読んだ本に、この薬と役職名、菓子の名の勘違いから、的はずれの勘違いのことを指す透頂香を別読みした「トンチンカン」なる言葉が誕生したと書かれていたことを記憶していますが、成程と思わせられる話です。

さて、ういろうといえば愛知県の棹もの菓子が昔から有名ですが、実は山口にも小形のういろうが古くからあり、どちらが元祖かは私には検証できません。ういろうは上用粉と餅粉に砂糖を加えてつくる、いうなれば当たり前の材料を使う和菓子ですから、それぞれの地域で自然発生してもおかしくはないのです。

ういろう生地で餡を包んで季節の風物の装いをこらす「ういろう製の生菓子」も売られています。関西方面に多い和菓子ですが、他の地域の和菓子屋でもつくっているところがあります。この和菓子もなかなか美味いもので私の大好きなもののひとつです。

●大福

大福はもとは腹太餅（はらぶともち）と呼ばれたという説もあります。腹持ちが良いという意味で名づけられたと思われますが、もともとはそれぞれの家庭でつくられるものでした。店で売られるようになったのは江戸時代、小石川あたりに住んでいたおたまさんという人が最初に商ったと言われています。

大福は餅でできていますから、時間がたつと硬くなります。昔は火鉢で温めて、柔らかくして食べていました。焼くと香ばしくなって美味しいこともあり、昭和に入っても、大福は焼いて食べるのが当たり前の和菓子だったのです。

ところが、時代が変わって硬くなるのが嫌がられる時代になり、餅を柔らかく搗いたりして、硬くならない工夫がされるようになりました。

今の大福を焼いて食べようとすると、水分が出て溶けた状態になってしまうものもあります。しかし一方では昔ながらの製法で、焼くと美味しく食べられる大福も売られています。これは硬くなったときの楽しみですね。溶けるのが心配なら、蒸すと良いでしょう。

いずれにせよ、餅類は硬くなったからといって、食べられないわけではありません。美味しく食べるための知恵を生かせばよいのです。

第六章
健康的な和菓子

「砂糖は太る」の誤解

最近になって、和菓子は健康的な菓子であるとの声をよく耳にします。しかし、まだ健康的と言われる理由である、高い栄養価や機能性を持つという良い面が知られていないことや、逆に悪く誤解されている点もいくつかあるようです。

誤解といえば、和菓子に使われている砂糖についての誤解が大きいですね。「砂糖」を食べると太ると思っている人が多いようですが、本当に砂糖を食べると太るのでしょうか。よく調べてみると砂糖だけが悪者にされるのは間違いだということがわかります。

実は日本人は世界的に見ると、あまり砂糖を食べない国民なのです。一人が年間に消費する砂糖の量は世界一五七か国中、日本は一〇四番目。先進国では最少で、むしろ後ろから数えたほうが早いほど、砂糖の消費量は少ないのです。ちなみに、フランスとカナダは日本の約一・八倍の量、イギリスは約一・九倍、ロシアは約二・一倍、オーストラリアは約二・五倍、ニュージーランドは約二・六倍を消費しています。

では、日本人は砂糖をもっと食べてよいのかというと、そうともいえません。欧米人はたんぱく質が主体の食生活のため、砂糖で炭水化物を補う必要がありますが、日本人は炭水化物のお米を主食として食べています。ですから、今ぐらいの摂取量でちょうどよいとも言えます。

別に砂糖を過剰に食べているわけではないのに、どうして日本人は砂糖を悪者扱いするのでしょうか。

砂糖の糖質というのは、炭水化物とほぼ同じ意味です。科学技術庁（当時）が二〇〇〇年に発表した「五訂日本食品標準成分表」以来、それまでの「糖質」という表示を改めて、全て「炭水化物」という表現に統一しました。砂糖はほぼ純粋な炭水化物であり、炭水化物一グラムは四キロカロリーのエネルギー量を持ち、でんぷん系の食べ物、穀類や芋類など全てに多量に含まれています。

でんぷん系の食べ物一〇〇グラムのエネルギー量を比較してみますと、砂糖の上白糖は三八四キロカロリー、そば粉三六一キロカロリー、精白米三五六キロカロリー、小麦粉三六八キロカロリーで、砂糖とほかの食べ物では大差がないことがわかります。

口から食べるものは胃に入ってから、その栄養や成分がどのような食べ物から摂られたかを区別することはできません。胃に入れば全て同じ炭水化物として消化吸収されるわけですから、どんな食べ物から炭水化物を摂取しても結果として同じことになります。考えるまでもなく、蕎麦を一〇〇グラム食べることはあっても、砂糖はそんなに多く食べられないということもあります。従って、砂糖だけが太る食べ物だといわれるのは論理的に考えても全く根拠がないと言えます。

なぜ、砂糖を食べると太るという誤った考えが根づいたかが不思議です。

昔は砂糖は高価で、なかなか手に入らないものでした。薬と同じような貴重品として扱われていたのです。菓子に入れられるようになったのもずいぶんたってからで、当初は「敷き砂糖」といって、少量の砂糖を敷いた上に甘みのない菓子を乗せて、砂糖の甘みを最大限に生かして食べていたこともありました。

「甘い」という言葉は現在でも、「美味しい」という意味合いを込めて使われています。昔の人は美味しいものをたくさん食べたいけれど、手に入らないから・・・。それとも、我慢するのがよいことだというストイックな性分があったのでしょうか。「良薬口に苦し」という言葉があるように、美味しいものを食べ過ぎるのはよくないと、自戒の念を込めて考えるようになったのかもしれません。

その複雑な気持ちは言葉にも表れています。「甘い夢」、「甘いメロディー」、「甘い香り」というように、食べるものでなくても、甘いという言葉が憧れの対象として使われているかと思うと、一方で、「酸いも甘いもかみ分けて」、「甘い考えはいけない」、「甘く見るな」、「甘い汁を吸う」、というように、自分を律する言葉として使われることも多くあります。アメリカにも「シュガーダディー」といって若い女性に甘い中年男性のことをさす言葉があるように、甘いという言葉を利用したものが数多く見られます。

太ると嫌だからと言ってコーヒーや紅茶に砂糖を入れずに飲む人がいますね。勿論、ストレートで飲むことが好きならそれでいいのですが、太るから入れないというのはナンセンスです。

三グラムの砂糖を入れても、およそ十二キロカロリーの摂取に過ぎません。日本人は一日に少なくても一八〇〇～二二〇〇キロカロリーは必要ですから、三グラムの砂糖はわずか〇・六％程度の量です。それをことさらに太ると思うのは、やはり、砂糖が誤解されているということです。

一時期、砂糖が糖尿病や高脂血症の原因である、骨を溶かすというような乱暴な報道をされたこともありましたが、医学的、科学的に見ても、それらが間違いであるということがわかっています。

アメリカのＦＤＡ（＝Ｆｏｏｄ　ａｎｄ　Ｄｒｕｇ　Ａｄｍｉｎｉｓｔｒａｔｉｏｎ、米国食品医薬品局）という機関は、世界で最も食品と医薬品に関して厳しい組織として知られていますが、そのＦＤＡが一九九四年に開催した砂糖と健康に関するワークショップで、「砂糖が肥満や糖尿病、低血糖、高脂血症に関係するという説は科学的に支持されない」という評価を下しました。

糖尿病は病名に「糖」という言葉が使われているために、大きな誤解を招いているということもあります。２型の糖尿病であるインシュリン非依存型糖尿病は、インシュリンの受容体が作用しにくくなって、そのために細胞膜にブドウ糖輸送体が少なくなり、その結果細胞内のブドウ糖が減って細胞外にブドウ糖があふれてしまう病気です。大胆に言えば、細胞内に糖が不足している現象です。

ですから、糖の摂取だけが原因で起こる病気ということではありません。その証拠にといってはなんですが、痩せ型の人にも糖尿病が多くいますし、子供の糖尿病も驚くほど増えています。

最近は知られるようになってきましたが、砂糖は脳の栄養素として大事な役割を果たしています。脳細胞は血液中のブドウ糖だけしかエネルギー源として利用することができません。脳の重さは人間の体重のわずか二％程度しかありませんが、消費するエネルギー量は、全体の摂取カロリーの二〇％近くにも及びます。目で見て理解することはもとより、体を動かす指令をしたり、体温を維持するなど、全ては脳が統率しています。ほかのどの器官よりも一番働いているのですから、多くのエネルギーを消費するのです。

私が個人的に尊敬をしている浜松医科大学名誉教授の高田明和さんを始め、多くの専門家たちが「炭水化物は最も早く消化しやすい浪費型のエネルギー源で、体の代謝を活性化するために、むしろ効果的に使える」という説を唱えておられます。もうそろそろ、砂糖への誤解がとけてもよい時期のように思えます。

摂取したエネルギーは何に使われるか

前述したように甘い物や砂糖を食べると太るなどという誤解を払拭するために、和菓子の話とは少々異なりますが、エネルギーの代謝ということにふれてみたいと思います。

人間はエネルギーを摂取しなければ生きていけないことは誰もが知っていることです。

人間が食事として摂る食品に含まれている炭水化物、たん白質、脂質は体内に入ってから酸素によって燃焼し、熱や運動などのエネルギー源として利用されます。この過程をエネルギー代謝と呼んでいます。

エネルギー代謝には生きてゆくために必要な「基礎代謝」と仕事や運動などに必要となる「活動代謝」、食品を食べた時に高まる「食事誘発性体熱産生」とがあります。

基礎代謝とは眠っていても必要となるもので体温を維持したり、心臓など内臓を動かしたり、頭脳を使ったり、呼吸をしたり、血液を身体のすみずみにまで送ったりすることに必要となるものです。

この基礎代謝にどの位のエネルギーが使われるかといいますと、個人差はあるのですが、一般的に成人男子で千五百キロカロリー、成人女性で千百五十キロカロリーが必要とされています。

次に食事誘発性体熱産生とは、食べものを食べることによってエネルギー代謝が亢進する現象をいいます。

この体熱産生は食べたもののエネルギー源によって異なりますが、概ね摂取したエネルギーの約十パーセントが必要になるといわれます。

例えば、白飯百グラムと白飯百グラムをお粥にした場合はどちらが摂取カロリーが高いかを考えてみますと、お粥を作るために加えられるのは水だけであり、水はノンカロリーですから、白飯でもお粥でもカロリー摂取量は同じという事になります。

しかし、お粥は水を加えて加熱されているので、消化するために必要となる臓器への負担（消化するために必要となるエネルギー）は白飯よりも少なくてすむことになります。従って、体熱産生ということから考えるとお粥の方が若干摂取エネルギーが多い結果になるということです。

人間にとって必要なエネルギー摂取量は年齢や性別によって異なりますが、ここでは仮に二千キロカロリーであったとしますと、成人女性の場合は、基礎代謝に千百五十キロカロリーと体熱産生として十パーセントの二百キロカロリーの合わせて千三百五十キロカロリーが使われることになり、運動や仕事などで使う活動代謝は六百五十キロカロリーしか使われていないことになります。

いかに基礎代謝に多くのエネルギーが使われているかがわかりますね。

ところで人間の身体に摂取された栄養素はどの様につかわれるのでしょうか。

下図でおわかりのとおり、たん白質はエネルギー源、身体の構成成分、身体の機能調節に使われるのに対して、炭水化物はエネルギー源としてのみ利用されます。

たん白質は筋肉、皮膚、血液、内臓などの主要な成分ですが、体内に入ったたん白質には寿命があり、絶えず分解と生成を繰り返して新陳代謝されています。つまり、常に摂取しつづけなければなりません。さらにいえば、身体が必要とするエネルギー源が炭水化物の摂取などで十分にある場合は、身体の組織などの生成に使われるのですが、エネルギーが不足

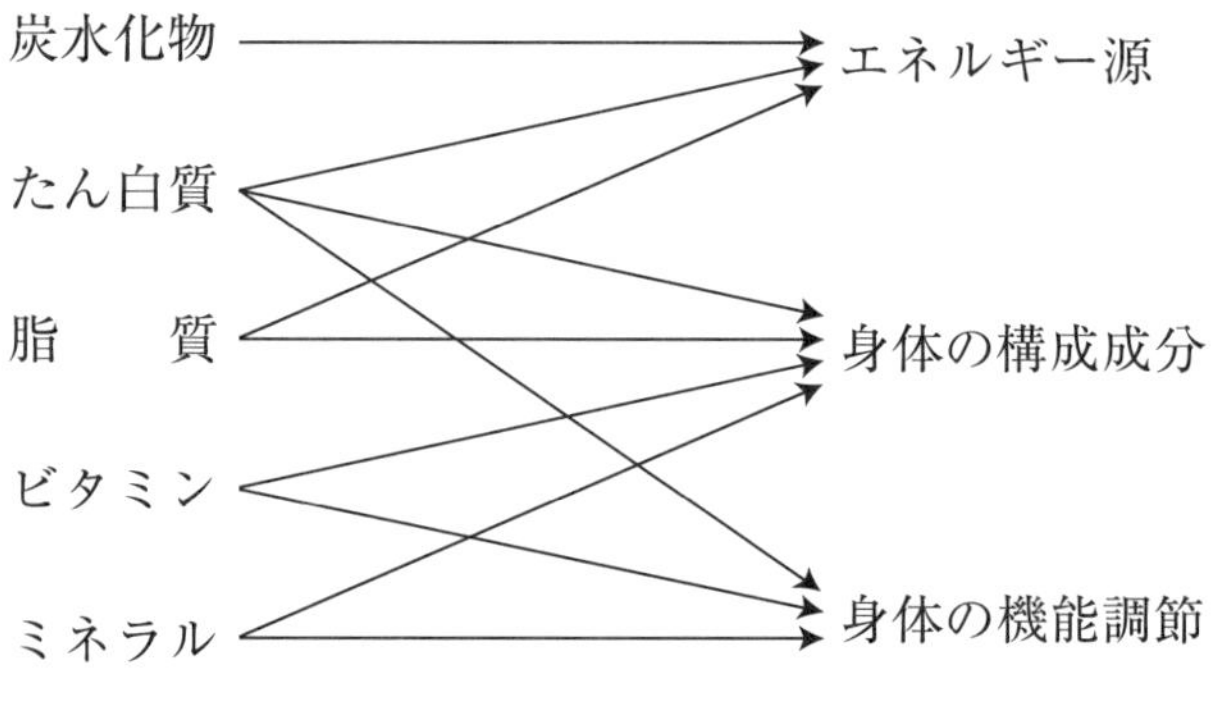

した時には、炭水化物と同じ一グラム当り四キロカロリーのエネルギー源となります。もし、炭水化物の摂取が不足した場合は、生きていくために必要な基礎代謝に優先して使われてしまうので、身体の構成成分が不足して充分な組織の生成ができなくなる恐れがあるということです。それでは健康な身体を維持することができません。ですから、炭水化物、たん白質、脂質、ビタミン、ミネラルなどをバランスよく摂取することが必要なのです。

そう考えると、甘い物や砂糖は太るなどと短絡することが大きな間違いであることに気付かされます。

驚くべき小豆の栄養と機能性

和菓子で最初に思い浮かべる材料といえばやはり小豆ではないでしょうか。以前、全国和菓子協会で和菓子愛好家にアンケートをとったところ、七八〜八〇%もの人が、小豆の餡が好きだという答えでした。

圧倒的な人気の秘密は、独特の風味や味、口溶けといった美味しさによるものでしょう。しかし、小豆がどれほど栄養価が高く、素晴らしい機能性を持っているかを知ったら、もっともっとファンが増えるに違いありません。

そもそも、豆というのは種子ですから、発芽に備えて自分を育てるための高い栄養価を持ち続けています。

「ツタンカーメンの豆」の話を聞いたことがありますか。今から五〇年ほど前、エジプトの発掘調査をしていたイギリスのカーター博士は、調査中のピラミッドから赤えんどうの豆を発見しました。そして、その何十粒かを植えてみたところ、なんと、その中のいくつかから芽が出たのです。その驚きはニュースとなって世界中をかけめぐりました。

紀元前十四世紀から現代までの三千年以上、まだ発芽する力を持つことはあり得ないという説もありますので、真偽のほどは定かではないのですが、そうしたことが話題になったということだけでも豆の力を信じている人々がおおいということを示していると思います。

豆というものはそれだけ高い栄養価を保ち続ける貯蔵性に優れた、非常に便利な食品であると言えます。

●たんぱく質

ひとことで豆といっても、種類によって栄養成分は異なります。大豆は、一〇〇グラム中にたんぱく質を約三五グラム含んでいます。これは、約二〇グラムを含む小豆の二倍近い量ということになります。だから畑の肉などと言われるのですね。

小豆はでんぷん質ですから炭水化物中心の成分構成で、一〇〇グラム中約五七グラムが炭水化物です。一方、大豆は約二八グラムしか含んでいません。明らかに、小豆と大豆では性格が異なります。大豆は脂肪も多く、一〇〇グラム中に約十九グラムも含まれ油の原料として利用されますが、小豆には脂肪はわずか二グラム程度しか含まれていません。

小豆は大豆に比べてたんぱく質の量が少ないのですが、たんぱく質を構成するアミノ酸の組成は、大豆に劣らない良質のたんぱく質を含んでいるという特長もあります。

食べ物に含まれるたんぱく質は、必須アミノ酸の組成と密接に関わっています。必須アミノ酸というのは、人間の体ではつくることができない、あるいはつくられてもスピードが遅いので、食べ物から摂取しなければならない九種類のアミノ酸（ヒスチジン、イソロイシン、ロイシン、リジン、メチオニン、フェニルアラニン、スレオニン、トリプトファン、バリン）のことを言います。
この九種類全てが必要量の一〇〇%を満たしていれば、理想的なたんぱく質ということになりますが、ほとんどの食品は、九種類の組成がばらばらです。そして、たとえそのうちの八種類が一〇〇%を満たしていても、わずか一種類が六五%しか満たしていなければ、その食品のたんぱく質の値打ちは六五%分しかない、ということになります。

わかりやすく説明するために、側面を九枚の板でつくった九角形の桶を思い描いてください。この一枚の板が、ひとつの必須アミノ酸を表しているとします。理想のたんぱく質は、九枚の板の高さが全て一〇〇センチ揃ったものだとしましょう。すると一〇〇センチの高さ一杯にまで水を入れることができ、一〇〇パーセントの働きをするのです。しかし、もし、一枚でも六五センチの高さしかなかったら、桶には六五センチまでの水しかたまりません。つまり、一番低い板の高さまでの、六五%の働きしかできないのです。この最も低い板にあたるアミノ酸を「制限アミノ酸」と呼びます。

たんぱく質の栄養価の「アミノ酸スコア」は、九種類のアミノ酸の内、一番量の少ないアミノ酸の数値で示されます。「アミノ酸スコア一二三」という食品は、最も少ないアミノ酸が二三％しかないのでそれだけの働きしかできないという意味です。アミノ酸スコア一〇〇というのは、九種類全てが一〇〇％以上含まれる、理想のたんぱく質を表します。

一般的に植物性の食べ物はこのアミノ酸スコアが低いのですが、小豆は八二と比較的高く、たんぱく質の質が良いという特長があります。ちなみに、米は六五、小麦は四二です。

米の六五というのは、リジンというアミノ酸が必要量の六五％と最も少ない数値を示していることにより生じます。これに対し、小豆はリジンが一三〇％以上ありますから、小豆と米を一緒に食べたら、小豆が米のリジンを補います。赤飯、おはぎや大福、団子など米の粉と小豆の餡を使った和菓子を食べると、とても組成の良いたんぱく質が摂れることになるのです。

●ビタミン

小豆はビタミンB_1、B_2、B_6などのビタミンB群を豊富に含むという特長もあります。

ビタミンB_1は炭水化物やアミノ酸の代謝に密接に関係し、整腸作用もあり、消化促進に欠かせない栄養素です。不足すると脚気や多発性の神経炎を発症することがあります。脚気は江戸時代には「江戸患い」と呼ばれるほど患者の多い病気でした。その頃の多くの人の食事は一汁一菜が当たり前で、その菜もたくあんが三切れなどということもあり、幅広く栄養を摂取することができませんでした。その江戸の人々が江戸患いを防ぐために食べていたのがなんと小豆飯だったのです。科学的な立証ができない時代であったにもかかわらず、江戸の人々は脚気の予防に適切な食べ物を選んでいたことになります。勿論、米が充分に食べられず、小豆は増量材の役目も果たしていたということもあるのでしょうが、結果としてこれだけ理にかなっているのですから、経験の中から真実を見い出す、人間の生活の知恵というものに驚嘆せずにはいられません。

ビタミンB_2は脂肪の分解や悪玉コレステロールの排除、皮膚や粘膜の成長を助ける栄養素です。皮膚をきれいにする働きもあり、漢方医学では皮膚病の治療に小豆を食べることを勧めているというのもうなずけます。

ビタミンB_6は鉄と結びついて貧血予防などの大きな働きをします。

そのほか量は少ないながらも老化を防ぐビタミンE、ナイアシン、葉酸など、小豆はビタミン類を豊富に含んでいます。

●ミネラル

天然ミネラルは現代の食生活の中ではなかなか摂取しにくい栄養素ですが、小豆にはカリウムやマグネシウム、カルシウム、鉄などのミネラルが豊富に含まれています。

カリウムは、細胞内外液の浸透圧を維持し、細胞内外の水分や各種成分のやりとりを調節するなど重要な役割を担っています。又、高血圧の原因となる過剰なナトリウムを排出する機能もあります。成人が一日に摂る必要のあるカリウムは二～四グラムですが、小豆一〇〇グラム中には一・五グラムが含まれますから、小豆餡の和菓子を食べると有効にカリウムを摂ることができるとも言えます。

マグネシウムはアメリカでは「問題の栄養素」と呼ばれています。人間にとって、重要なミネラルのひとつです。不足すると結果として筋肉の収縮障害や梗塞につながるため、血液中の一定量を維持する必要があります。

カルシウムは乳製品に豊富に含まれていることはよく知られていますが、小豆やいんげんなどの豆類にも乳製品に負けない量が含まれています。健康な骨や丈夫な歯を形作るだけでなく、神経の興奮をしずめて精神を安定させる働きや、筋肉を収縮させて心臓の規則正しい鼓動を保つなど重要な役割を担っています。

鉄は血液の中でヘモグロビンという成分になって、酸素を運ぶのに重要な働きをします。不足すると息切れやめまいが起こりますし、女性の手足が冷える症状は、鉄不足が原因とも考えられます。野菜の中で鉄を多く含む代表はほうれん草ですが、驚くことに小豆のほうがほうれん草より鉄を多く含んでいるのです。

このように、小豆はカリウム、マグネシウム、カルシウム、鉄を一緒に摂取できる貴重な食べ物です。さらに、それほど多くはありませんが、亜鉛や銅、リンなども含んでいますし、ミネラルとは違いますが、血液をサラサラにする効果があるサポニンも含まれています。

●食物繊維

食物繊維は二〇年ほど前まではなんの評価もされない成分でした。なぜなら、人間の持つ消化酵素では分解されず、栄養素としてはなんの役にも立たずに全て排泄されるからです。しかし、最近では体にとって機能的な働きをすることがわかって、重要視されるようになりました。

食物繊維には水（可）溶性と不溶性のものがあり、水溶性の食物繊維にはバナナや寒天に多く含まれるペクチンや、グルコマンナンなどがあります。不溶性にはゴボウや干しシイタケに含まれるセルロースなどがあり、小豆には水溶性と不溶性のどちらの食物繊維も含まれています。

小豆には特に不溶性のセルロースが豊富で、これは胃液の分泌をうながし、保水性と膨潤性があることから、腸内で体積が増えて未消化のものを早く排泄しようとする体の働きが生まれ腸の蠕動（ぜんどう）運動を盛んにして、便秘の予防に役立ちます。中国の漢方では腫れものを消す消腫解毒に小豆が使われますが、これは、腫れものの原因が便秘であることが多く、小豆のセルロースが役に立つことと、小豆に皮膚を美しくするビタミンB_2が豊富なためです。腸の蠕動運動が盛んになるということは、腸内の異常発酵を抑える働きにつながりますので、小豆が大腸がんの予防に効果があると言われるのです。野菜ではゴボウの食物繊維がよく知られていますが、小豆には一〇〇グラム中に十八～十九グラムもの食物繊維が含まれており、ゴボウの約三・一倍もの量が摂取できます。

一方、水溶性の食物繊維には粘性があり、栄養素を包み込む働きがあります。このため、栄養素の過剰摂取を防ぎ、ダイエット効果を発揮します。

●ポリフェノール

小豆には、最近話題となっているポリフェノールも多量に含まれています。ポリフェノールというのは特定の成分の名前ではなく、構造の特徴が似た仲間の総称です。つまり、「魚」というような大まかな分類の名前であって、魚にもアジやサンマ、イワシなど何百種類もあるように、ポリフェノールにも様々な種類があります。ココアに含まれる「カカオマス」、赤ワインの「タンニン」、コーヒーの「クロロゲン酸」などは耳にしたことがおありでしょう。

そもそもポリフェノールが持っている「抗酸化作用」とはどういう働きなのでしょうか。親しくお付き合いいただいている北海道立十勝農業試験場の加藤淳博士によると、人間の体の中が「錆びる」と考えるとわかりやすいということです。その錆びを防ぐ働きが抗酸化作用なのです。

人間の体は生きるために酸素を必要としていますが、その酸素のごく一部が「活性酸素」となります。活性酸素にはばい菌や病原菌を退治する良い働きがある一方で、血管や遺伝子、細胞を攻撃するという余分ないたずらをして、それが体を錆びさせる原因となります。その活性酸素の働きを抑えるのが誰もが持っているSOD（スーパー・オキシド・ディスムターゼ）という酵素なのですが、ＳＯＤは年をとるとともに働きが鈍くなります。あるいは若くても不規則な食生活が続くと、働かなくなってしまいます。生活習慣病のほとんどが、このＳＯＤの衰えによる活性酸素が原因だと言っても過言ではないようです。そして、その劣ってきたＳＯＤの働きを補うのがポリフェノールなのです。

小豆のポリフェノールはタンニンやアントシアニンが有名ですが、それ以上にカテキングルコシドという成分が非常に多く含まれています。フランス人は赤ワインをたくさん飲むので成人病が少ないなどと言われますが、小豆にはなんと赤ワインの一・五倍〜二倍のポリフェノールが含まれているのです。

小豆は、さらに驚くべき抗酸化作用を発揮します。餡をつくるときに、小豆と砂糖を混ぜて加熱しますが、小豆のアミノ酸と糖が結びついたものを加熱することによってアミノカルボニル反応が起こり、メラノイジンという物質ができます。そしてこのメラノイジンには、活性酸素を除去するポリフェノールと同じ働きがあるのです。もともと抗酸化作用のある小豆が、餡に加工されることでさらに抗酸化の働きを増すのですから、まさに夢のような話です。

もうひとつ、小豆にはビフィズス菌の働きを活発にする効果もあります。ビフィズス菌は空気にふれるのを嫌うため、腸の一番奥に棲んでいます。そのため、エネルギー源となる成分はなかなかビフィズス菌まで届かず、大腸菌やウェルシュ菌に食べられてしまいます。ところが、小豆に含まれるラフィノースやスタキオースという食物繊維の一種は、人間のエネルギー源として使えず大腸菌やウェルシュ菌も食べないものなので、ビフィズス菌の栄養素となり、その働きを活発にすることができるのです。ビフィズス菌を食品で食べるのは一般的になっていますが、餡を食べることによりその活動を活発にすることができます。

小豆の話ばかりをしてきましたが、では白餡の原料となるいんげん豆などはどうなのかと気になりますね。話が重複するので細かいところは省きますが、いんげん豆もポリフェノールの量を除くと概ね小豆と似た成分を持っています。

和菓子の機能性と栄養価という点では、寒天の話もしないわけにはいきません。寒天は、そのもの自体は栄養素や働きを持たない水溶性の食物繊維です。それだけを食べたのではなんの役にも立ちませんが、ほかの栄養素と一緒に摂れば、その吸収を遅らせたり蠕動運動を盛んにするという大きな働きをすることになります。

いくらノンカロリーだからと寒天だけを食べていたのでは偏った食生活になってしまいます。その点、羊羹という和菓子は寒天を使った大変な機能性食品だということがわかります。

なにしろ、高い栄養価やポリフェノールを含む小豆、純粋な炭水化物である砂糖、そして食物繊維そのものと言って良い寒天が組み合わさっているのです。現代人の知識をもってしても唸るような組み合わせを、江戸時代の人々はつくり上げていたのです。

和菓子は美味しいだけでなく、豊富なビタミン、ミネラル、食物繊維を摂ることができ、その上にポリフェノールの働きで体の錆びを防ぎ、生活習慣病の予防に役立つ、非常に優れた機能性食品と言えますね。

あずき茶の誕生

小豆が驚くほどの栄養価と機能性を持っていることを理解してもらえたと思います。この成分の多くが熱を加えても衰えないものですが、餡の「渋を切る」際に、茹で汁に流れ出るものがあります。少々宣伝めいて恐縮ですが、この流れ出た「渋」を利用してつくっているのが、全国和菓子協会の販売している「あずき茶」です。

第四章で小豆の「渋を切る」作業について説明しましたとおり、茹で汁にはタンニンやサポニンなどの苦味や渋味成分が溶け出しています。いくら小豆の素晴らしい栄養素が流れ出ていても、そのままでは渋くてとても飲むことなどできない味のものです。ところが、この苦味や渋味の成分を取り除く技術（特許）が開発されました。

渋みのない、ほんのり小豆の味のする美味しいあずき茶を定期的に飲むと、カリウム、マグネシウム、鉄、ポリフェノールなどの成分を摂ることができます。

餡をつくるときにしかこのお茶はできませんし、原料を北海道産の小豆だけに限定していますので生産量が少なく、販売は全国和菓子協会に加盟している和菓子屋だけに限られています。勿論、これを飲むより、和菓子の小豆餡を食べるほうがよっぽど健康的ですが、小豆が好きな人には、美味しく飲めるものです。最近はずいぶん売れ行きもよいようです。どこかで見かけたら、ちょっとした話のタネに、一度飲んでみてはいかがでしょうか。

和菓子は心の栄養

和菓子の高い栄養価や機能性について話してきましたが、誤解してほしくないのは、和菓子だけを食べたからといって、健康になれるわけではない、ということです。さんざん健康に役に立つ、と言っておきながら今さら何を言う、と思われるかもしれませんが、「健康」ということが何を意味するのかを間違えないでほしいのです。

人間にとって一番大切なのは、摂取した栄養素を体の中で有効に生かせる力を持つことです。牛乳はカルシウムが豊富だから、たくさん飲めば骨が強くなるのかといえば、そうではありません。摂り込んだカルシウムを、骨を丈夫にするために生かせる体の働きが必要なのです。そのような力のある体こそが、まさに健康な状態と言えるのです。健康になるために栄養素を摂ることは大切ですが、栄養素を生かせなければなんの意味もありません。健康だからこそ、栄養素が生かせるのです。健康でなければ、いくら牛乳を飲んでも、骨を丈夫にすることはできません。

健康な体をつくるためには、できるだけ多くの種類のものを自然な形で食べ、体を動かして代謝を良くすることが必要です。テレビ番組で「あの食品が体に良い」と報道されたら翌日にはどの店も売り切れになり、翌月には山積みになって売れ残っている、というのは、やはり「健康」というものが誤って認識されているとしか思えません。

和菓子は自然の材料を使って昔から食べられてきた、いわば日本人の体質に合った食べ物であることは間違いありません。健康的な役割が大きいと言ってよいでしょう。その働きはこれまで話したとおり驚くべきものですが、「健康」という言葉だけが独り歩きするのは間違いだと言わざるをえないのです。

ことさらに「健康」を意識する現代において、一番大切なのはむしろ「心の健康」ではないでしょうか。心の健康がなければ、肉体の健康を得ることはできません。精神的なストレスが様々な病気の原因になっていることは、多くの研究でも実証されているのでよく知られていると思います。

和菓子こそ、心に栄養を与える食べ物として生きてほしいというのが私の願いです。和菓子を食べて美味しいという満足のほかに、例えば、和菓子の菓銘を聞いてお友達と話が弾んだり、旅先で由来となった名所を訪れて歴史を身近に感じたり、そんな、食べること以外の愉しみや潤いを感じてほしいですね。殺伐とした現代において、和菓子が安らぎや団らん、満足感につながる役目を果たせれば、それは食べる人の心の栄養につながっていきます。

心の栄養こそ、何やらせわしくストレスのたまりやすい現代人が一番必要としているものだと思います。和菓子は癒しだと言ってもよいのかもしれません。

そして、その結果、和菓子の栄養価や機能性が健康に良い方向に働けば、一挙両得と言えますね。

第七章

知って得する和菓子のいろいろ

器使いに生きるもてなしの心

ちょっとした来客や友人を和菓子でもてなそうと考えると、一般的に茶席のイメージが強くなるのか身構えてしまう人が多いようですが、それは和菓子のほんの一面であって、本当はもっとくだけたものです。ですから、もっと気軽に使ってよいのです。勿論、茶席などで使われる和の菓子器の色や形は、和菓子とは出合いのものですから、それに菓子楊枝を添えて出せばそれはそれで最高です。しかし、和の器や菓子楊枝の用意がなければ、それにこだわることはありません。その菓子に合った洋風の器や皿を選んでも一向に差し支えないのです。

夏に葛の菓子をお出しするとき、ガラスの器を一〜二時間冷蔵庫で冷やしたものを使ってみてはどうでしょう。冷蔵庫から出すと、ガラスは冷えているので温度差で真っ白になります。そのままでは器が冷えていて葛は硬くなってしまいますので、庭やベランダの植物の葉っぱなどを敷いて、その上に葛の菓子を載せて出します。「わぁ、涼しそう」と、喜ぶお客さまの笑顔が浮かびませんか。

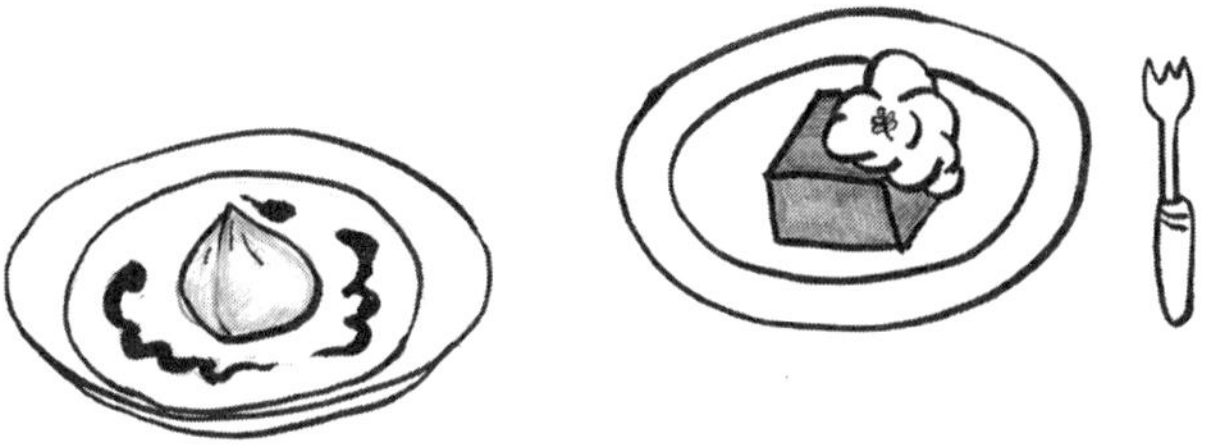

缶入りの水羊羹をお出しになるときは、そのまま丸い形でボンとお皿に乗せるのではなく、ちょっと手を加えればよいのです。ふちを切り落として四角い形にします。勿論、切り落とした部分はもったいないですから、あとで食べてください。

そして、真っ白い洋皿の真ん中に置き、硬く立てた生クリームをこんもりと上に乗せて、ペパーミントの葉を一枚添えてみてはどうでしょうか。あるいは、柔らかく立てた生クリームを、水羊羹の上から半分こぼれるようにかけて、ナイフとフォークでお召し上がりいただくのも洒落ていると思います。

栗の和菓子を用意したときは、ちょっと奮発して良質のチョコレートと合わせてみるのも一興です。チョコレートを湯煎にして溶かし、フランス料理の飾りつけのようにお菓子の周りにたらします。栗とチョコレートはよく合いますから、好みで栗にチョコレートを付けながら食べてもらうという趣向も面白いですね。

要するにちょっとしたアイデアで、普段の和菓子がぐんと引き立つと思いませんか。私にはそんなセンスはない、とおっしゃるかもしれませんが、人を喜ばせよう、どうやったら喜んでもらえるかと考えれば、自然にアイデアは浮かんでくるものです。こうすることによって、美味しさや愉しさが二倍にも三倍にもなって、そのときの会話に弾みが生まれます。

味は同じだからと水羊羹を缶のまま出してきて、付いているプラスチックのスプーンで食べてもらったのでは、お客さまはどんな気持ちがするでしょうか。

何よりも大切なのは、茶席の亭主と同じように、お客さまをもてなす心を込めることです。それが一番のマナーなのです。和菓子は日本人がつくった菓子ですから、普段と同じように相手を気遣う心で接すれば、自然と喜んでいただける盛り付けができるものです。

日頃のマナーが和菓子にも

先ほど、ナイフとフォークでもよいと言いましたが、豆大福はナイフでは食べられません。手で持って「パクッ」と食べるから美味しいのです。そうすると、手が汚れますから豆大福を出すときの何よりのもてなしは、お絞りの用意だということになります。この発想こそが、もてなしの心なのです。

　食べる人も和菓子だからと特別に考える必要はありません。礼儀作法というものは、無駄のない動きや相手に不快感を与えないという発想から生まれます。和菓子を食べる席でも、普段から身につけているマナーを生かせばよいのです。

　もしも、大福を食べるときにお絞りが用意されてなければ、ハンカチを出して粉を受けて食べるか、紙を一枚もらって、周りを汚さないようにすればよいのです。食べにくいからと残すのは、良い作法ではありません。どうしても食べられないときは、懐紙などをあらかじめ用意しておいて、包んで持ち帰るようにするとよいでしょう。

　よその家で串にささった団子が出たときは、本当はこれも「パクッ」と食べるのが美味しいのですが、妙齢のご婦人が、大きな口をあけて食べるのも恥ずかしいかもしれません。そんな場合は箸で串から抜いて一個ずつ食べたり、箸でひとつずつ前に押し出して先端の団子を食べるようにすればよいのです。

　菓子楊枝に餡が付いてしまったときは、決して口でねぶってはいけません。付いたのは運が悪いのですから諦めて、そのままにしておきます。
このように普段の食事の場面と同じ感覚で、気軽に食べればよいのです。

飲み物との意外な相性

コーヒーや紅茶に和菓子が合うと言うと、多くの人が驚きます。その昔、必ず砂糖やクリームを入れて飲んでいた頃は、甘い飲み物に甘い和菓子となり合わない面もあったのですが、最近はストレートで飲む人も増えてきました。するとこれが羊羹、最中、焼き菓子といろいろな和菓子に合うのです。コーヒーや紅茶と一緒に、干菓子を懐紙に乗せてお出ししてもよいですし、菓子器に五~六個の菓子を盛っておいて、懐紙を取り皿代わりにしてもよいでしょう。ちょっと発想を変えると、ぐんと愉しさが増えるというものです。

驚かれるかもしれませんが、実はウイスキーやブランデーにも和菓子は良く合います。欧米では甘いものと一緒に食後酒を飲む習慣がありますね。お客さまをお招きして食後にお酒を飲まれるときには、そんな感覚でぜひ、羊羹を出してみてください。といっても、厚切りの羊羹では洋酒には似合わないというか、お洒落ではありませんから、羊羹を一センチ角ほどに切って楊枝をさしたものを、氷を砕いたクラッシュアイスの上に乗せて出してみてはどうですか。これで旦那さまのお友達をもてなせば、「なんと素晴らしい奥方だろう！」と株が上がるに違いありません。

洋酒と和菓子は意外にぴったりと合うものですよ。

手土産はおすそ分け感覚で

お見舞いのときにはどういう和菓子を差し上げればいいのかという相談もよく受けます。先様の病状にもよりますが、なんでも召し上がっていいのなら、カステラなどは卵と小麦粉と砂糖だけでつくられ消化もいいので間違いありません。そのほか、米でつくったぎゅうひ系の甘い餅や飴のようなものも良いですね。

お見舞いや手土産というのは、こちらの気持ちをどう表すかです。何を差し上げたいのか、先様が何が好きなのかを考えれば、自ずと絞り込まれてくるはずです。

例えば、手土産を持参するときに二人だけの家族に生菓子を十個お持ちするのは、いかがなものでしょう。生菓子は二〜三個にして、もう一種類、日持ちのする菓子の箱と二種類をお持ちになってみてはどうでしょうか。

たとえ二人家族であっても、ご近所に娘さん夫婦がいらしたりすれば、生菓子を十個差し上げても構わないと思います。要は、先様の状況を考えるということが大切です。

何が喜ばれるかを考えれば、菓子の種類も決まってきます。夏の暑い時期に餅系のものは食欲に結びつきません。夏はやはり葛や寒天、秋は栗の菓子、冬は柚子を使った饅頭や羊羹など季節を感じてもらえるものがいいですね。

店先で何がいいか迷ったときには、遠慮せずに店の人にどんどん聞けばよいのです。まず、「自慢の菓子はなんですか?」と尋ねて、それが先様の状況に合わないものなら、次に薦めるもの、その次にというように菓子の特徴を聞いて選ぶといいでしょう。

あまり難しく考える必要はありません。手土産はお歳暮やお中元とは違います。

「これ、食べてみたくて買ってきたの。ご一緒にいかが」ということでいいのです。話は変わりますが、おすそ分けということも日本人の持つ素晴らしい習慣だと思います。隣近所とそうしたものを通じてよしみを交わすことは、住みよい住環境をつくる上でも大切なことのはずです。

それがいつの頃からか、「近所にあげると、へんに付き合いができてあとが面倒くさい」「せっかく持って行って、まずいなんて言われたらたまらない」と言って、おすそ分けを嫌がるようになりました。でも、誰かが思い切って始めると、付き合いの輪は広がるものです。私のご近所も、おすそ分けし合えるいい関係を築いています。また、私の姉夫婦が訪ねて来るときには「帰りに何を持たせてやろうか」と一生懸命考えます。姉のほうでもあれこれ考えて土産を持ってきます。お互い、相手を喜ばせようと土産の交換が愉しみになっています。

和菓子は人と人との心を通わせるコミュニケーションのツールなのだと考えてみたらどうでしょう。差し上げたり、いただいたりを面倒くさいと思わずに、より良い関係を築く道具として使ってみてはいかがですか。

包装も日本の文化

ここ数年、商品の「過剰包装」が問題視されるようになり、和菓子業界自体も環境に優しい包装に取り組むようになりました。

環境への負荷を減らすということはとても大切なことです。

しかし、私は必要な「包装」と「華美な演出」は別なものだと考えています。

第四章で日本人の包む文化について話しましたように、日本人は昔から、ご祝儀でも紙に包んで差し上げるというように、ものごとを内に秘めるという風習を持っています。それが、商品の包装にもつながっているのです。

欧米にはそのような文化はありませんから、たとえ有名なデパートでも包んでくれません。箱に紐をかけるだけです。箱にすら入っていないときもあります。必要なら自分でラッピングをしなさいという文化です。しかし、日本のデパートで和菓子をお土産にしたいと言うと、箱にのしをかけて、包装紙で包んで紐をかけて紙袋に入れてくれます。私は決してこの包装が過剰だとは思いません。

勿論、金糸銀糸が漉き込んであるような高価すぎる紙で包んだり、ただ立派に見せるためだけの華美な演出なら過剰包装と言わざるをえないでしょう。

しかし、日本に伝わる「包む」心は、私たちにとって大切な文化や歴史といった背景を伴うものです。例えば、羊羹を竹皮に包むのが過剰包装だと批判を受けることがありますが、竹皮というのはばい菌に強く、保存性があって、昔はおにぎりを包んでいたものです。いわば日本ならではの文化なのです。

私は以前、包装に関するシンポジウムにパネリストとして呼ばれたことがあります。そこでは、味付海苔が十枚ずつ個別包装されていたり、缶に入っているのが過剰包装だという指摘がありました。しかし、個別包装しなければくっついてしまいますし、少量ずつのほうが湿らなくて便利です。缶に入れなければ、くしゃくしゃに壊れてしまうのですから、どれも過剰包装とは言えないのではないでしょうか。

自宅で使うときなど、簡易包装で済む場合は、買い物の際にそのように伝えればよいのです。しかし、人様に差し上げるときにものを包むという行為は、心を包むということに始まっています。あまりにも簡易なものを差し上げたのでは、受け取ってくださる側に気持ちが伝わらない場合もあります。

世の中には必要な包装というものがあるのです。全てがスーパーマーケットのレジ袋と同じレベルの話ではありません。それを十把一絡げにして、経済とか環境問題の原則ばかりを振りかざし、頭ごなしに切り捨てるのはどう考えてもおかしいのです。むしろ、それが多少の無駄につながる面があったとしても、良い文化や風習はしっかりと残すべきだと思いますね。

ある意味で人間が生きているということは数多くの無駄に囲まれ、支えられているという面もあるのです。そしてそれこそが人間らしい生き方をもたらしているということです。なにほどの無駄もない人生なんて考えただけでも恐ろしいことです。

大切なことは自分が納得できる包装で贈るということです。余分な包装だと思えば「のしは付けずに」、と伝えれば、必ず店は対応してくれます。しかし、先様に自分の心を伝えるために理に合っていると思ったら、自分の気持ちを素直に表すことが良いと思います。

たくさん頂いたときの保存は？

和菓子をたくさんもらって一度に食べられずに困った、という話もよく耳にすることがあります。中にはおすそ分けする相手がいないからと、捨ててしまう人もあるようですが、もったいないことですね。実は、和菓子をいつまでも美味しく食べる方法があるのです。

和菓子はでんぷん系の材料を使ったものが多いので、基本的に冷蔵は苦手です。しかし、冷凍は大丈夫なのです。餅、大福、最中、カステラ、どら焼き、生菓子と、和菓子のほとんどは冷凍しても一定の期間ならば美味しさを保つことができます。

冷凍するときのポイントは、頂いたらできるだけ早く冷凍すること、食べる分量ずつ小分けにして冷凍用のビニールなどに包むことです。崩れやすいものはさらに密閉容器などに入れておくとよいでしょう。冷凍したものは常温で二～三時間で解凍できますが、解凍後は品質の劣化が急速に進むので、できるだけ早く食べましょう。再冷凍は絶対に禁物です。

私は職業柄、和菓子をもらう機会が多いので、わが家の冷凍庫の半分はいつも和菓子が占領しています。いろんな種類を保存しておけるので、「今日はあれが食べたい」と家内に伝えておくと、私の帰宅に合わせて解凍しておいてくれます。賞味期限までにあの菓子を食べなくてはと考える必要もなく、おかげで和菓子を食べない日はないほど、いつも美味しい和菓子を愉しんでいます。

ぜひ、皆さんも試してみてください。買い物先で「家にあの和菓子があるから、この菓子を買うのは我慢しよう」ということもなくなり、和菓子に接する機会が増えることでしょう。

ことわざに生きる和菓子

日本人の生活文化と共に生きてきた和菓子だけに、和菓子を使った言葉やことわざは、驚くほどたくさんあります。ここに紹介するのはごく一部ですが、餅や団子、饅頭などが、日常の美味しいものとして、どれだけ日本人の生活に密着していたかを実感していただけることでしょう。

「棚からぼた餅」「あいた口にはぼた餅」・・・努力しないで思いがけない幸運に出会う。

「甘いものには蟻がつく」「饅頭には蟻がつく」・・・うまい話に人が寄ってくる。

「飴をしゃぶらせる」・・・甘い言葉でおだてる。わざと負けて相手を喜ばせる。

「煎り豆に花が咲く」・・・ありそうにないことが起きる。

「意見と餅はつくほどに練れる」・・・人の意見を聞けば聞くほど人間が練れて円満になれる。

「絵に描いた餅」・・・計画倒れで意味がない。

「栄耀の餅の皮」「餅の皮をむいて食べる」・・・度を越した贅沢をする。

「木に餅がなる」・・・話がうますぎる。

「搗いた餅より心持ち」・・・もらった餅よりあなたの心が嬉しい。

「上戸に餅、下戸に酒」・・・見当違いのありがた迷惑をする。

「雪隠（せっちん）で饅頭を食う」・・・雪隠は便所の意。人に隠れて自分だけいい思いをする。

「団子を隠すよりあと隠せ」・・・口の周りで団子を食べたことがわかることから、思いがけないことから罪がばれる。

「茶屋の餅も仕入れ方」・・・酒を仕入れるお茶屋で餅を仕入れることから、転じて進め方によってうまくいくことの例え。

「どじょう汁に金鍔」・・・取り合わせの悪いこと。
「ぼた餅で腰を打つ」「夢にぼた餅」・・・思いがけない幸運に出会う。
「焼餅焼いても手を焼くな」・・・度を越すと、あとで自分の身にふりかかってくる。
「夜食を過ぎてのぼた餅」・・・時期遅れでありがたみが薄れる。

おわりに〜究極の和菓子とは

いろいろと和菓子に関することを話してきましたが、和菓子はただ単に美味しいというだけではなく、様々な愉しみや面白味が含まれていることがわかっていただけたでしょうか。仕事柄、和菓子についてあれこれ聞かれることが多いのですが、一番よく聞かれるのは「どこの和菓子が一番美味しいですか」「究極の和菓子を教えて」という質問です。

質問されるたびに考えるのですが、果たして究極の和菓子というものはこの世に存在するのでしょうか。

正直に言えば、私には、ここと決めている店がいくつかあります。饅頭ならばこの店、羊羹ならばあの店というように、種類によって、自分にとっての究極の和菓子屋を見つけてあるのです。

しかし、その店の和菓子がそのまま皆さんにとっての究極の和菓子というわけではありません。

和菓子の命ともいうべき餡は、百人がつくれば百の味が生まれると話しました。和菓子には、えもいわれぬ調和の味があることも理解してもらえたことと思います。餡の味も様々な材料の調和も、全ては和菓子職人の持っている哲学というか、考え方によって微妙に異なります。

嗜好品の最たるものと言える和菓子を、テレビのグルメ番組によくあるようにどこそこの○○が良いと決めつけることは間違いだと思います。あなたの街でひっそりと営業をしているような小さな和菓子屋にも驚くほど素晴らしい個性を持つ店があります。そうした個性を知って、皆さんそれぞれの好みに合う和菓子を見つける。それこそが皆さんにとっての究極の和菓子と言えるのではないでしょうか。

現在は、大型店やチェーン店、有名店が注目される時代なのかもしれません。日本中に当たり前のように存在した商店街から櫛の歯が抜け落ちるように店が消えていっています。その中で和菓子屋はたとえ小さな規模であっても、和菓子を求める人に喜びや愉しみを感じてもらうことを生きがいに商いをしています。その店その店にある個性や味を求める人がいるからこそ頑張っていけるのです。

和菓子好きな人にアンケートで答えてもらったところ、いつも和菓子を買う店を二、三軒に決めているという答えが多数でした。そして、その店をどうやって知ったかというと、雑誌やテレビの情報というよりも、友人や家族からのクチコミで聞いたという答えが一番多かったのです。自分にとって身近な人からの情報を大切にしているという皆さんの味覚の捉え方を端的に表す結果だと言えるでしょう。

きれいな新しいビルに入っている立派な店でなくてもいいのです。古くてこぢんまりしていても、食べ物を扱っている店特有の美しさ、清潔さが感じられ、良い和菓子をつくろうとする店主の気持ちが伝わってきたなら、ぜひ、店に入って店の人と言葉を交わしてみてください。

そして、何度か訪れて、話を聞きながら少しずつその店の自慢の味を食べてみる。そうするうちに、その店の味がわかってくるものです。

その店の味の中でも特に「最中」が気に入った、「饅頭」がよいということもあるでしょうし、「栗饅頭」ならあちらの店が美味しい、ということもあるでしょう。

これならばと見つけた和菓子こそが自分にとっての究極の和菓子というものなのです。そうして自分にとって美味しいと思える和菓子を探しているときが、実は一番愉しいのかもしれません。

和菓子は長い歴史の中で日本人の生活文化と共に歩み、育まれてきた日本の味です。その育まれる過程の中で様々な変化を遂げてきました。そして、これからも変化し続けていくでしょう。それであってこそ日本を代表する食文化の「和菓子」なのです。

藪 光生（やぶ　みつお）

(株)環境計画集団社長室長を経て、1978年全国和菓子協会専務理事に就任。業界内の経営指導、広報活動に尽力する他、講演活動、教育活動を精力的にこなす。執筆活動として「日本の菓子・和菓子づくりの心」「四季の和菓子・銘品を生み出す原料」「菓子の事典」角川ソフィア文庫「和菓子」など。現在、他に、全日本菓子協会常務理事、日本菓子教育センター副理事長、専門学校講師など。

新 和菓子噺

2017年4月5日　初版発行

著者　藪 光生

発行　株式会社 キクロス出版
〒112-0012　東京都文京区大塚6-37-17-401
TEL.03-3945-4148　FAX.03-3945-4149

発売　株式会社 星雲社
〒112-0005　東京都文京区水道1-3-30
TEL.03-3868-3275　FAX.03-3868-6588

印刷・製本 株式会社 厚徳社

プロデューサー 山口晴之　デザイン 山家ハルミ

ISBN978-4-434-23091-2 C0077